前 言

∽ 放輕鬆！ 多讀會考的！ ∾

（一）瓶頸要打開

肚子大瓶頸小，水一樣出不來！考試臨場像大肚小瓶頸的水瓶一樣，一肚子學問，一緊張就像細小瓶頸，水出不來。

（二）緊張是考場答不出的原因之一

考場怎麼解都解不出，一出考場就通了！很多人去考場一緊張什麼都想不出，一出考場**放輕鬆**了，答案馬上迎刃而解。出了考場才發現答案不難。

人緊張的時候是肌肉緊縮、血管緊縮、心臟壓力大增、血液循環不順、腦部供血不順、腦筋不清一片空白，怎麼可能寫出好的答案？

（三）親自動手做，多參加考試累積經驗

106-110 年度分科題解出版，還是老話一句，不要光看解答，自己**一定要動手親自做**過每一題，東西才是你的。

考試跟人生的每件事一樣，是經驗的累積。每次考試，都是一次進步的過程，經驗累積到一定的程度，你就會上。所以並不是說你不認真不努力，求神拜佛就會上。**多參加考試**，事後檢討修正再進步，你不上也難。考不上也沒損失，至少你進步了！

（四）多讀會考的，考上機會才大

多讀多做考古題，你就會知道考試重點在哪裡。**九華考題，題型**系列的書是你不可或缺最好的參考書。

祝　大家輕鬆、愉快、健康、進步

九華文教　陳木生主任

I

前言

❡ 感 謝 ❡

※ 本考試相關題解，感謝諸位老師編撰與提供解答。

※ 由於每年考試次數甚多，整理資料的時間有限，題解內容如有疏漏，煩請傳真指證。
我們將有專門的服務人員，儘速為您提供優質的諮詢。

※ 本題解提供為參考使用，如欲詳知真正的考場答題技巧與專業知識的重點。仍請您接
受我們誠摯的邀請，歡迎前來各班親身體驗現場的課程。

■ 配分表

科目	章節	土木技師 年度					章節配分加總
		110	109	108	107	106	
測量學	01.概論	25				25	50
	02.距離測量						-
	03.水準測量	25	25				50
	04.經緯儀測量	50					50
	05.間接距離及高程測量						-
	06.導線測量				50	25	75
	07.三角測量						-
	08.地形測量					25	25
	09.定線測量			50		25	75
	10.誤差傳播		25	25	25		75
	11.GPS		25	25	25		75
	12.地籍測量		25				25
合計		100	100	100	100	100	-

前言

科目	章節	高考					普考					章節配分加總
		年度					年度					
		110	109	108	107	106	110	109	108	107	106	
測量學	01.概論	25	25	25		20						95
	02.距離測量	25										25
	03.水準測量				25	20	50		25			120
	04.經緯儀測量	25			25			50	50		20	170
	05.間接距離及高程測量			25						50		75
	06.導線測量						25					25
	07.三角測量		25							25	40	90
	08.地形測量		25									25
	09.定線測量		25					25				50
	10.誤差傳播	25		25	50	20	25				20	165
	11.GPS			25		20		25	25	25	20	140
	12.地籍測量					20						20
	合計	100	100	100	100	100	100	100	100	100	100	

科目	章節	基特三等 年度					基特四等 年度					章節配分加總
		110	109	108	107	106	110	109	108	107	106	
測量學	01.概論	50	25			40			25	20		160
	02.距離測量			20								20
	03.水準測量	25			25		25				40	115
	04.經緯儀測量			20	25		25	20				90
	05.間接距離及高程測量		25			20	20			20		85
	06.導線測量			30	20		20					70
	07.三角測量		25		20	20	25		30	20		140
	08.地形測量		25								20	45
	09.定線測量			20							20	40
	10.誤差傳播						25	20	25		20	90
	11.GPS	25						20	20	20		85
	12.地籍測量			40						20		60
合計		100	100	100	100	100	100	100	100	100	100	

目 錄

Chapter **1** 概論 ·· 1

Chapter **2** 距離測量 ·· 21

Chapter **3** 水準測量 ·· 27

Chapter **4** 經緯儀測量 ··· 41

Chapter **5** 間接距離及高程測量 ·· 59

Chapter **6** 導線測量 ·· 73

Chapter **7** 三角測量 ·· 87

Chapter **8** 地形測量 ·· 101

Chapter **9** 定線測量 ·· 107

Chapter **10** 誤差傳播 ·· 117

Chapter **11** GPS ·· 133

Chapter **12** 地籍測量 ·· 153

1 概 論
Chapter 重點內容摘要

■ 請熟記下列單位換算：

1. 長度：1km = 0.6214 哩   1km = 0.5396 浬   1m = 3.2809 呎

      1 哩 = 5280 呎   1 碼 = 3 呎   1 呎 = 12 吋

      1 台尺 = 0.3030m   1 間 = 6 台尺

2. 面積：1 公頃 = 100 公畝 1 公畝 = 100m²

       $1m^2$ = 0.3025 坪 1 甲 = 0.9699 公頃

       1 坪 = 6 台尺 × 6 台尺

3. 角度：360° = 400g = 2π

4. $\rho'' = \dfrac{180°}{\pi} = 1個半徑角 = 1個弧度 = 206265''$

■ 極坐標與直角坐標之間的互換：

如圖，若已知兩點之間的極坐標，即水平距離與方位角(S_{AB}, ϕ_{AB})，和直角坐標$(\Delta N_P, \Delta E_P)$，

則兩者之間的互換公式為：

正算：

$$\Delta N = S_{AB} \times \cos \phi_{AB}$$
$$\Delta E = S_{AB} \times \sin \phi_{AB}$$

反算：

$$S_{AB} = \sqrt{\Delta N^2 + \Delta E^2}$$
$$\tan \phi_{AB} = \frac{\Delta E}{\Delta N}$$

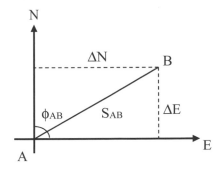

ΔN 稱為縱距或緯距，ΔE 稱為橫距或經距。

■ 精度表示法有三種：

1. 中誤差

   單位權中誤差：$\sigma = \pm\sqrt{\dfrac{[PVV]}{n-1}}$（不等權）或 $\sigma = \pm\sqrt{\dfrac{[VV]}{n-1}}$（等權）

   最或是值中誤差：$M = \pm\sqrt{\dfrac{[PVV]}{[P](n-1)}}$（不等權）或 $M = \pm\sqrt{\dfrac{[VV]}{n(n-1)}}$（等權）

2. 平均誤差

   $t = \pm\dfrac{[|V|]}{n}$

3. 或是誤差：所有改正值的絕對值由小而大排列，取其位於中央之值，並自行加上±符號，一般以 r 表示或是誤差。

- -

■ 誤差傳播之和數定律：

   如果未知數與觀測量的函數關係為：

   $$F = \pm L_1 \pm L_2 \pm \cdots\cdots \pm L_n$$

   各獨立觀測量的中誤差分別為 M_1、M_2、...、M_n，則未知數之中誤差為：

   $$M_F = \pm\sqrt{M_1^2 + M_2^2 + \cdots\cdots + M_n^2}$$

- -

■ 誤差傳播之倍數定律：

   如果未知數與觀測量的函數關係為：

   $$F = \pm a_1 L_1 \pm a_2 L_2 \pm \cdots\cdots \pm a_n L_n$$

   各獨立觀測量的中誤差分別為 M_1、M_2、...、M_n，則未知數之中誤差為：

   $$M_F = \pm\sqrt{a_1^2 \cdot M_1^2 + a_2^2 \cdot M_2^2 + \cdots\cdots + a_n^2 \cdot M_n^2}$$

- -

■ 誤差傳播之一般式：

   如果未知數與觀測量的函數關係為：

   $$F = f(L_1, L_2, \cdots\cdots, L_n)$$

   各獨立觀測量的中誤差分別為 M_1、M_2、...、M_n，則未知數之中誤差為：

   $$M_F = \pm\sqrt{(\dfrac{\partial f}{\partial L_1})^2 \cdot M_1^2 + (\dfrac{\partial f}{\partial L_2})^2 \cdot M_2^2 + \cdots\cdots + (\dfrac{\partial f}{\partial L_n})^2 \cdot M_n^2}$$

- -

■ 解算誤差傳播的題目可分為三個步驟：

1. 先獲得未知數與觀測量之間的函數關係（即計算公式）。

2. 求未知數對各個觀測量的偏微分值。

3. 將各觀測量的偏微分值及中誤差值代入一般式計算未知數中誤差。

■ 四參數坐標轉換包含一個旋轉角θ、一個尺度因子 S 和二個平移量（a，b）等四個轉換參數，如圖，其計算式如下：

$$\begin{bmatrix} E \\ N \end{bmatrix} = S \cdot \begin{bmatrix} cos\theta & sin\theta \\ -sin\theta & cos\theta \end{bmatrix} \cdot \begin{bmatrix} x \\ y \end{bmatrix} + \begin{bmatrix} c \\ d \end{bmatrix} = \begin{bmatrix} S \cdot cos\theta & S \cdot sin\theta \\ -S \cdot sin\theta & S \cdot cos\theta \end{bmatrix} \cdot \begin{bmatrix} x \\ y \end{bmatrix} + \begin{bmatrix} c \\ d \end{bmatrix}$$

令上式中之 $a = S \cdot cos\theta$ ， $b = S \cdot sin\theta$ ，則得：

$$\begin{bmatrix} E \\ N \end{bmatrix} = \begin{bmatrix} a & b \\ -b & a \end{bmatrix} \cdot \begin{bmatrix} x \\ y \end{bmatrix} + \begin{bmatrix} c \\ d \end{bmatrix}$$

一般以下列形式表示：

$$E = ax + by + c$$
$$N = -bx + ay + d$$

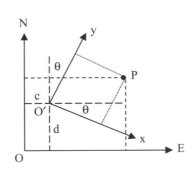

參考題解

一、就平面定位，回答下列問題：

（一）三角測量規範中規定三角形各內角不得大於120°，亦不得小於30°，理由為何？（5分）

（二）導線測量規範中對折角大小無限制，理由為何？（15分）

（106 高考-測量學#1）

參考題解

（一）由於測角網常僅施測數條基線作為網系其他邊長推算之用，因此會有圖形強度問題。測角網的圖形強度是指由三角形之一邊，以其內角依正弦定律推算其他邊長時，因角度較小時，其正弦函數值變化較大，若測角誤差相同時，由小角度所推算之邊長精度較大角度推算者差，此純粹是三角形形狀所影響。為減少測角誤差因圖形不佳對邊長計算造成的影響，故規定三角形各內角大於30°，然若三角形某個內角大於120°時，會造成至少有一個內角小於30°，因此規定三角形各內角應在30°～120°之間。

（二）導線測量規範中對折角大小無限制之理由有二：

1. 就測角中誤差的推論過程而言，測角中誤差與角度大小無關，僅與照準誤差和讀數誤差相關。

2. 就導線測量之角度和距離觀測量的幾何性而言，若測角精度與量距精度相匹配，則測角誤差產生的定位橫向偏移量和量距誤差產生的定位縱向偏移量相等，二者偏移量所構成的誤差範圍幾乎是正方形，表示個方向誤差均勻且最小，此正方形誤差與導線的折角大小無關。

二、試述工程測量按工程建設的先後順序可分為那幾個階段的測量工作？又其內容分別為
何？（25 分）

（106 土技-工程測量#1）

參考題解

基本上，一般的工程建設可以分成下列三個階段，各階段的測量任務概述如下：

（一）規劃設計階段：

本階段主要任務是提供各種比例尺的地形圖和地形數值資料，供規劃設計之用。此外
對特殊需求也要進行其他測量，如工程地質探勘、水文地質探勘或地盤穩定性觀測等
工作所需的相關測量。

（二）施工階段：

本階段之主要任務是如何將設計之結構建築物標定於現場，故主要之測量工作是建立
各種施工控制網及不同的放樣工作。

對建成之結構建築物進行驗收竣工測量，例如須將廠房牆角、地下管線轉折點、道路
中心線交叉點等重要細部地物點的平面坐標測算出來，或是測量廠房內地坪標高、下
水道管頂、道路中心線變坡點等處的高程值。竣工測量的成果主要是編繪竣工平面圖
及細部點的坐標和高程明細表，作為未來施工管理或改建擴建時的依據。

（三）經營管理階段：

在工程建築物竣工後之營運期間，為了解建築物建成後隨時間之變形情況，於施工時
便需預先埋設變形監測之基準點，並定期地觀測其位置或高程。一般變形監測內容有
沉陷監測、位移監測、傾斜監測和橈度監測等。變形監測是監視建築物在各種應力作
用下是否安全的重要步驟，也是驗證設計與改進設計的重要依據。

三、已測得 6 點之相對坐標及已知點 A、點 B 之二度分帶坐標,如下表。欲以四參數轉換
　　公式將各點轉為二度分帶坐標。(每小題 10 分,共 20 分)

　　(一)試述四參數轉換公式之前提假設。

　　(二)計算其餘四點之二度分帶坐標。

坐標	x(m)	y(m)	X(m)	Y(m)
A	90.00	10.00	216100.00	2666100.00
B	847.00	337.00	216900.00	2666300.00
1	518.56	485.73		
2	453.74	880.44		
3	732.84	723.60		
4	190.12	634.47		

(106 三等–平面測量與施工測量#1)

參考題解

(一)如圖示,設 X-Y 坐標系與 x-y 坐標系之間存在著坐標軸旋轉量 θ、原點平移量 (c,d) 和
　　尺度比 λ 四個參數,則由 x-y 坐標轉換至 X-Y 坐標系之四參數轉換公式如下:

$$X = a\cdot x + b\cdot y + c$$
$$Y = -b\cdot x + a\cdot y + d$$

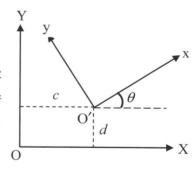

式中 $a = \lambda\times\cos\theta$,$b = \lambda\times\sin\theta$。由於二度分帶 X-Y 坐
標系為正交坐標系且二坐標軸之尺度相同,故上述四參
數轉換公式之前題假設有:(1)x、y 二坐標軸需正交,
(2)x、y 二坐標軸的尺度比要相同。

(二)根據 A、B 二已知點,先求轉換參數如下:

$$216100.00 = 90.00a + 10.00b + c \cdots(a)$$
$$2666100.00 = 10.00a - 90.00b + d \cdots(b)$$
$$216900.00 = 847.00a + 337.00b + c \cdots(c)$$
$$2666300.00 = 337.00a - 847.00b + d \cdots(d)$$

聯立解(a)、(b)、(c)、(d)得:

$a = 0.986796631$、$b = 0.162064066$、$c = 216009.57m$、$d = 2666104.72m$

其餘四點之二度分帶坐標計算如下:

$X_1 = 518.56\times0.986796631 + 485.73\times0.162064066 + 216009.57 = 216600.00m$
$Y_1 = 485.73\times0.986796631 - 518.56\times0.162064066 + 2666104.72 = 2666500.00m$

$X_2 = 453.74\times0.986796631 + 880.44\times0.162064066 + 216009.57 = 216600.00m$
$Y_2 = 880.44\times0.986796631 - 453.74\times0.162064066 + 2666104.72 = 2666900.00m$

$$X_3 = 732.84 \times 0.986796631 + 723.60 \times 0.162064066 + 216009.57 = 216850.00m$$
$$Y_3 = 723.60 \times 0.986796631 - 732.84 \times 0.162064066 + 2666104.72 = 2666700.00m$$

$$X_4 = 190.12 \times 0.986796631 + 634.67 \times 0.162064066 + 216009.57 = 216300.04m$$
$$Y_4 = 634.67 \times 0.986796631 - 190.12 \times 0.162064066 + 2666104.72 = 2666700.20m$$

四、 日前有網友在公共政策網路參與平台提議"希望臺灣時區 GMT+8 改成 GMT+9",亦有民眾提議"反對調整時區",請從測量專業角度回答下列問題(註:臺灣本島位於東經120° 至122°間,地球半徑 6370km;GMT 為 Greenwich Mean Time)。(每小題 5 分,共 20 分)

(一)全球共劃分為幾個理論時區?每個時區橫跨多少經度差?

(二)考量地理位置,臺灣應為那一時區?

(三)臺灣本島在 UTM 六度分帶坐標系統中位於第幾分帶?

(四)臺灣本島東西約跨多少距離(以北緯24°估算)?

(106 三等-平面測量與施工測量#5)

參考題解

(一)1884 年在美國召開的國際性時間會議中決議,全世界按統一標準劃分時區,實行分區計時,稱為標準時,其實區劃分方式為:以 Greenwich 經線為準從西經 7.5 度到東經 7.5 度定為零時區,再由零時區分別向東與向西每隔經度 15 度劃為 1 個時區,東西各有 12 個時區,東 12 區與西 12 區重合,此區有 1 條國際換日線,作為國際日期的變換,故全球合計共有 24 個標準時區。同一時區內使用同一時刻,每向東過一時區則鐘錶撥快 1 小時,向西則撥慢 1 小時。

(二)台灣的時區位在以東經 120 度向東西各跨 7.5 度的位置,也就是在東經 112.5 度到東經 127.5 度,故台灣屬於以中央經線為東經 120 度的時區,當 Greenwich 為 0 時,台灣的中原標準時間應是 $\frac{120}{15} = 8$ 時,一般以 +8 表示。

(三)UTM 六度分帶坐標系統是按經度劃分為「帶(zone)」,沿赤道自西經 180 度起算,由西向東推算,經度每 6 度分為一個投影帶,共劃分為 60 帶。依據台灣的位置應位於第 51 分帶,因第 51 分帶的中央經線為東經 123 度($51 \times 6 - 3° - 180° = 123°$),此分帶涵蓋了東經 120 度到東經 126 度。

(四)台灣東西向最寬處約為 143 公里,此處緯度在北緯 23~24 度間但較接近北緯 24 度,因此估計北緯24°處台灣東西向跨距約為 130 公里左右。

五、測量員甲於上午利用新購之經緯儀觀測某一角度，分別為 62°18′15″、62°18′22″、62°18′17″、62°18′20″、62°18′21″，中午時另一測量員乙亦利用此儀器再觀測同一角度，分別為 62°18′34″、62°18′24″、62°18′28″、62°18′23″、62°18′31″。

（一）請問兩位測量員所觀測的角度最或是值及觀測值中誤差分別為何？（12 分）

（二）請分析觀測結果不同之原因可能為何？（8 分）

（107 四等－測量學概要#1）

參考題解

（一）測量員甲觀測之最或是值及觀測值中誤差：

$$\theta_{甲} = 62°18'00'' + \frac{15'' + 22'' + 17'' + 20'' + 21''}{5} = 62°18'19''$$

$$[VV] = (19-15)^2 + (19-22)^2 + (19-17)^2 + (19-20)^2 + (19-21)^2 = 34$$

觀測值中誤差 $m_{甲} = \pm\sqrt{\frac{34}{5-1}} = \pm 2.9'' \approx \pm 3''$

最或是值中誤差 $M_{甲} = \pm\sqrt{\frac{34}{5(5-1)}} = \pm 1.3'' \approx \pm 1''$

測量員乙觀測之最或是值及觀測值中誤差：

$$\theta_{乙} = 62°18'00'' + \frac{34'' + 24'' + 28'' + 23'' + 31''}{5} = 62°18'28''$$

$$[VV] = (28-34)^2 + (28-24)^2 + (28-28)^2 + (28-23)^2 + (28-31)^2 = 86$$

觀測值中誤差 $m_{乙} = \pm\sqrt{\frac{86}{5-1}} = \pm 4.6'' \approx \pm 5''$

最或是值中誤差 $M_{乙} = \pm\sqrt{\frac{86}{5(5-1)}} = \pm 2.1'' \approx \pm 2''$

（二）測量員乙的觀測值精密度較低，這是因為中午觀測的觀測條件較上午觀測差，例如陽光照射影響目標照準、大氣折射較大、熱氣對流產生影像抖動等氣象因素，故而導致偶然誤差增大，各觀測量相對於平均值之間的散佈便會較大也較離散。

六、針對臺灣地區 1997 大地基準（TWD97）或稱 1997 臺灣大地基準，試說明以下：

（一）所使用之坐標框架？（5 分）

（二）所採用之參考橢球體橢球參數？（5 分）

（三）在二度分帶橫麥卡托投影系統下，針對東經 121°，北緯 23.5°的位置，試精確計算該位置之 E 坐標，並估算其 N 坐標（E、N 坐標解算過程所使用之參數及計算方法與過程均需詳加說明，否則不予計分）。（15 分）

（108 高考-測量學#2）

參考題解

（一）TWD97 係採用國際地球參考框架（International Terrestrial Reference Frame，簡稱為 ITRF）。ITRF 為利用全球測站網之觀測資料成果推算所得之地心坐標系統，其方位採國際時間局（Bureau International de l'Heure` Heure，簡稱為 BIH）定義在 1984.0 時刻之方位。

台灣利用 8 個追蹤站與 ITRF 聯測，並以其 1997 年坐標值來約制 105 個一等衛星點進行網形平差，平差成果當作台灣地區新的大地基準 3D 坐標參考框架。

（二）TWD97 之參考橢球體採用 1980 年國際大地測量學與地球物理學協會（International Union of Geodesy and Geophysics，簡稱為 IUGG）公布之參考橢球體（GRS80），其橢球參數如下：

長半徑 $a = 6378137m$

短半徑 $b = 6356752m$

扁率 $f = \dfrac{1}{298.257222101}$

離心率 $e^2 = 0.006694478196$。

（三）該點位於中央子午線上，故

1. 由於二度分帶橫麥卡托投影之坐標原點中央子午線與赤道交點，投影後該點的 E 坐標為 0 公尺，然考量橫坐標不為負值，將原點西移 250,000 公尺，故該點的 E 坐標為 250,000 公尺。

2. 設地球半徑為 6371000 公尺，則從投影原點到該點的投影前弧長為：

$$6371000 \times 23.5° \times \dfrac{\pi}{180°} = 2613080.776m$$

考量中央子午線的投影尺度比為 0.9999，故該點的 N 坐標為：

$$2613080.776 \times 0.9999 = 2612819.468 \text{ 公尺}$$

七、（一）臺灣於 101 年公告的新坐標系統簡稱 TWD97[2010]，其中 2010 表示什麼？為什麼要標示這項資訊？（5 分）

（二）TWD97[2010]與 87 年公告的 TWD97 大地基準的異同處。（10 分）

（三）臺灣於 103 年公告混合法大地起伏模型（TWHYGEO2014），其中，為何稱為混合法？（5 分）

（四）臺灣高程系統 TWVD2001 屬於那種高程系統？其可用那個資訊與 GPS 測得的高程建立函數關係？（5 分）

（108 四等-測量學概要#1）

參考題解

（一）[2010]年是指採用 IGS（International GNSS Service）國際觀測站之 ITRF05 參考框架，並以 2010.0 時刻坐標值為台灣衛星大地控制網的計算依據。標示[2010]資訊是引入時間概念，未來可以定期檢測衛星大地控制網，研究建立台灣地區地殼變動速率及修正模式，期可作為爾後維護國家測量基準與坐標系統之參據。

（二）相異處有

坐標系統		TWD97	TWD97[2010]
相異處	1. 參考坐標框架	ITRF94	ITRF05
	2. 參考時間點	1997.0	2010.0
	3. 衛星追蹤站數量	8	18
	4. 一等衛星控制點數量	105	219
	5. 公告成果	105 個一等衛星控制點坐標。	含衛星追蹤站、一等衛星控制點（GPS 連續站）、一等衛星控制點、二等衛星控制點及三等衛星控制點共計 3,013 點。上述點位雖然分屬不同等級，但因採整體平差可獲得一致性高精度之坐標成果。
相同處	1. 參考橢球體	GRS80	
	2. 地圖投影方式	橫麥卡托（Transverse Mercator）投影經差 2 度分帶	

（三）大地起伏模型分為重力法大地起伏模型及混合法大地起伏模型。

重力法大地起伏模型是利用：1.地球重力場模式、2.台灣大地參考系統、3.台灣數值地形模型及 4.各種重力測量成果等資料予以建立的台灣大地起伏模型。混合法大地起伏模型則是以重力法大地起伏模型為基礎而建置，由於重力法大地起伏模型與大地水準面之間存在一系統性的偏移量，亦即某個點位透過重力法大地起伏模型內插所得出的值為 $N_{gravity}$，另該點若利用 GPS 測得之橢球高 h 減去正高 H 所得出的為大地起伏值 N_{gps}，這二個值存在一偏移量。為解決 $N_{gravity}$ 與 N_{gps} 之差異，需蒐集分布均勻且具有 N_{gps} 之點位，將高精度的 N_{gps} 修正至重力法大地起伏模型，而得一混合法大地起伏模型。實際作法是將所有 N_{gps} 減去對應相同位置上的 $N_{gravity}$，再組成一修正面，接著將此修正面加入重力法大地起伏模型，得到修正後的大地起伏模型，稱之為混合法大地起伏模型（hybrid geoid model），可作為橢球高系統與正高系統轉換之用。

（四）TWVD2001 屬於正高系統（以 H 表示），GPS 測得的高程屬於幾何高系統（以 h 表示），二系統可用大地起伏 N 建立之函數關係為： h = H + N。

八、請試述偶然誤差和系統誤差的差異性，又儀器誤差、讀數誤差、縱角指標差、水準尺尺長誤差、瞄準誤差各可歸類為何種誤差？並請說明如何減低或消除偶然誤差或系統誤差對測量成果的影響。（25 分）

（109 高考-測量學#1）

參考題解

（一）偶然誤差和系統誤差的差異性如下表。

項目	偶然誤差	系統誤差
規律性	在相同的觀測條件下，誤差之大小及正負號未具有任何規律但具有隨機性的統計特性者。	在相同的觀測條件下，誤差之正負號不變且誤差大小按一定的規律變化或保持為常數者。
誤差特性	誤差絕對值愈小出現機率愈高。誤差絕對值相同出現機率相同。誤差絕對值甚大出現機率甚低。	累積性。在相同的觀測條件下，誤差之正負號不變。

（二）儀器誤差、縱角指標差、水準尺尺長誤差屬於系統誤差；
　　讀數誤差、瞄準誤差屬於偶然誤差。

（三）1. 若觀測量含有系統誤差應予以消除，因應措施為：
　　（1）觀測前應仔細校正儀器。
　　（2）觀測時採用適當的測法。
　　（3）觀測後利用數學模式修正。
　　（4）利用數學差分技巧消除，例如 GNSS 的一次差、二次差及三次差。
　　（5）在平差計算過程中，引入形成誤差的數學參數予以消除或減弱其影響。

2. 若觀測量含有偶然誤差應儘量減低其影響，因應措施為：

（1）使用較精密的測量儀器，以降低儀器產生的偶然誤差數量級。

（2）一定程度的增加多餘觀測數，利用偶然誤差的相消性，降低其影響。

（3）避免不良的觀測環境。

（4）測量人員應確實按規定操作儀器，按規則施測，熟練測法及養成良好的觀測習性。

九、於點 P 擺置經緯儀做一多角度觀測，測得角度 $\theta_1 = 30.000°$、$\theta_2 = 70.000°$、$\theta_3 = 20.000°$、$\theta_4 = 100.001°$、$\theta_5 = 90.002°$，如下圖。試以平差角度觀測值，以求各角度之最或是值及其中誤差。（25 分）

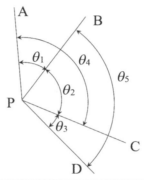

（109 三等-平面測量與施工測量#1）

參考題解

設 θ_1 之近似值 $x_1 = 30°$，最或式值為 $x_1 + \Delta x_1 = 30° + \Delta x_1$，

θ_2 之近似值 $x_2 = 70°$，最或式值為 $x_2 + \Delta x_2 = 70° + \Delta x_2$，

θ_3 之近似值 $x_3 = 20°$，最或式值為 $x_3 + \Delta x_3 = 20° + \Delta x_3$，

θ_4 之近似值 $x_1 + x_2 = 100°$，最或式值為 $(x_1 + \Delta x_1) + (x_2 + \Delta x_2) = 100° + \Delta x_1 + \Delta x_2$，

θ_5 之近似值 $x_2 + x_3 = 90°$，最或式值為 $(x_2 + \Delta x_2) + (x_3 + \Delta x_3) = 90° + \Delta x_2 + \Delta x_3$，

則得各觀測量的觀測方程式為：

$\theta_1 + v_1 = x_1 + \Delta x_1$

$\theta_2 + v_2 = x_2 + \Delta x_2$

$\theta_3 + v_3 = x_3 + \Delta x_3$

$\theta_4 + v_4 = (x_1 + \Delta x_1) + (x_2 + \Delta x_2)$

$\theta_5 + v_5 = (x_2 + \Delta x_2) + (x_3 + \Delta x_3)$

改正數方程式為：

$v_1 = x_1 + \Delta x_1 - \theta_1 = \Delta x_1 + (x_1 - \theta_1) = \Delta x_1 + (30° - 30°) = \Delta x_1$

$$v_2 = x_2 + \Delta x_2 - \theta_2 = \Delta x_2 + (x_2 - \theta_2) = \Delta x_2 + (70° - 70°) = \Delta x_2$$

$$v_3 = x_3 + \Delta x_3 - \theta_3 = \Delta x_3 + (x_3 - \theta_3) = \Delta x_3 + (20° - 20°) = \Delta x_3$$

$$v_4 = \Delta x_1 + \Delta x_2 + (x_1 + x_2 - \theta_4) = \Delta x_1 + \Delta x_2 + (30° + 70° - 100.001°) = \Delta x_1 + \Delta x_2 - 0.001°$$

$$v_5 = \Delta x_2 + \Delta x_3 + (x_2 + x_3 - \theta_5) = \Delta x_2 + \Delta x_3 + (70° + 20° - 90.002°) = \Delta x_2 + \Delta x_3 - 0.002°$$

矩陣形式表示如下：

$$
\begin{bmatrix} v_1 \\ v_2 \\ v_3 \\ v_4 \\ v_5 \end{bmatrix} =
\begin{bmatrix} 1 & 0 & 0 \\ 0 & 1 & 0 \\ 0 & 0 & 1 \\ 1 & 1 & 0 \\ 0 & 1 & 1 \end{bmatrix}
\begin{bmatrix} \Delta x_1 \\ \Delta x_2 \\ \Delta x_3 \end{bmatrix} -
\begin{bmatrix} 0 \\ 0 \\ 0 \\ 0.001 \\ 0.002 \end{bmatrix}
$$

上式簡化寫成：$V = AX - L$

因各角度觀測量等權，故得權矩陣為：

$$
P = \begin{bmatrix} 1 & 0 & 0 & 0 & 0 \\ 0 & 1 & 0 & 0 & 0 \\ 0 & 0 & 1 & 0 & 0 \\ 0 & 0 & 0 & 1 & 0 \\ 0 & 0 & 0 & 0 & 1 \end{bmatrix}
$$

$$
N = A^T P A = \begin{bmatrix} 1 & 0 & 0 & 1 & 0 \\ 0 & 1 & 0 & 1 & 1 \\ 0 & 0 & 1 & 0 & 1 \end{bmatrix}
\begin{bmatrix} 1 & 0 & 0 & 0 & 0 \\ 0 & 1 & 0 & 0 & 0 \\ 0 & 0 & 1 & 0 & 0 \\ 0 & 0 & 0 & 1 & 0 \\ 0 & 0 & 0 & 0 & 1 \end{bmatrix}
\begin{bmatrix} 1 & 0 & 0 \\ 0 & 1 & 0 \\ 0 & 0 & 1 \\ 1 & 1 & 0 \\ 0 & 1 & 1 \end{bmatrix} =
\begin{bmatrix} 2 & 1 & 0 \\ 1 & 3 & 1 \\ 0 & 1 & 2 \end{bmatrix}
$$

$$
U = A^T P L = \begin{bmatrix} 1 & 0 & 0 & 1 & 0 \\ 0 & 1 & 0 & 1 & 1 \\ 0 & 0 & 1 & 0 & 1 \end{bmatrix}
\begin{bmatrix} 1 & 0 & 0 & 0 & 0 \\ 0 & 1 & 0 & 0 & 0 \\ 0 & 0 & 1 & 0 & 0 \\ 0 & 0 & 0 & 1 & 0 \\ 0 & 0 & 0 & 0 & 1 \end{bmatrix}
\begin{bmatrix} 0 \\ 0 \\ 0 \\ 0.001 \\ 0.002 \end{bmatrix} =
\begin{bmatrix} 0.001 \\ 0.003 \\ 0.002 \end{bmatrix}
$$

法方程式為 $NX = U$，即

$$
\begin{bmatrix} 2 & 1 & 0 \\ 1 & 3 & 1 \\ 0 & 1 & 2 \end{bmatrix}
\begin{bmatrix} \Delta x_1 \\ \Delta x_2 \\ \Delta x_3 \end{bmatrix} =
\begin{bmatrix} 0.001 \\ 0.003 \\ 0.002 \end{bmatrix}
$$

解得：

$$\begin{bmatrix} \Delta x_1 \\ \Delta x_2 \\ \Delta x_3 \end{bmatrix} = N^{-1} \cdot U = \begin{bmatrix} 2 & 1 & 0 \\ 1 & 3 & 1 \\ 0 & 1 & 2 \end{bmatrix}^{-1} \begin{bmatrix} 0.001 \\ 0.003 \\ 0.002 \end{bmatrix} = \begin{bmatrix} 5/8 & -1/4 & 1/8 \\ -1/4 & 1/2 & -1/4 \\ 1/8 & -1/4 & 5/8 \end{bmatrix} \begin{bmatrix} 0.001 \\ 0.003 \\ 0.002 \end{bmatrix} = \begin{bmatrix} 0.000125 \\ 0.00075 \\ 0.000625 \end{bmatrix}$$

θ_1 之最或式值為 $30° + \Delta x_1 = 30.000° + 0.000125° = 30.000125°$

θ_2 之最或式值為 $70° + \Delta x_2 = 70.000° + 0.00075° = 70.00075°$

θ_3 之最或式值為 $20° + \Delta x_3 = 20.000° + 0.000625° = 20.000625°$

θ_4 之最或式值為 $100° + \Delta x_1 + \Delta x_2 = 100° + 0.000125° + 0.00075° = 100.000875°$

θ_5 之最或式值為 $90° + \Delta x_2 + \Delta x_3 = 90° + 0.00075° + 0.000625° = 90.001375°$

$$\begin{bmatrix} v_1 \\ v_2 \\ v_3 \\ v_4 \\ v_5 \end{bmatrix} = \begin{bmatrix} 1 & 0 & 0 \\ 0 & 1 & 0 \\ 0 & 0 & 1 \\ 1 & 1 & 0 \\ 0 & 1 & 1 \end{bmatrix} \begin{bmatrix} 0.000125 \\ 0.00075 \\ 0.000625 \end{bmatrix} - \begin{bmatrix} 0 \\ 0 \\ 0 \\ 0.001 \\ 0.002 \end{bmatrix} = \begin{bmatrix} 0.000125 \\ 0.00075 \\ 0.000625 \\ -0.000125 \\ -0.000625 \end{bmatrix}$$

$[pvv] = V^T P V$

$$= \begin{bmatrix} 0.000125 & 0.00075 & 0.000625 & -0.000125 & -0.000625 \end{bmatrix} \begin{bmatrix} 1 & 0 & 0 & 0 & 0 \\ 0 & 1 & 0 & 0 & 0 \\ 0 & 0 & 1 & 0 & 0 \\ 0 & 0 & 0 & 1 & 0 \\ 0 & 0 & 0 & 0 & 1 \end{bmatrix} \begin{bmatrix} 0.000125 \\ 0.00075 \\ -0.000125 \\ -0.000625 \\ -0.000875 \end{bmatrix}$$

$= 1.375 \times 10^{-6}$

單位權中誤差 $\sigma_0 = \pm \sqrt{\dfrac{[pvv]}{n-u}}$

$$= \pm \sqrt{\frac{1.375 \times 10^{-6}}{5-3}} = \pm 0.000829°$$

平差後觀測量變方協變方矩陣為：

$$\Sigma_{l+v} = \sigma_0^2 A N^{-1} A^T$$

$$= \sigma_0^2 \begin{bmatrix} 1 & 0 & 0 \\ 0 & 1 & 0 \\ 0 & 0 & 1 \\ 1 & 1 & 0 \\ 0 & 1 & 1 \end{bmatrix} \begin{bmatrix} 5/8 & -1/4 & 1/8 \\ -1/4 & 1/2 & -1/4 \\ 1/8 & -1/4 & 5/8 \end{bmatrix} \begin{bmatrix} 1 & 0 & 0 & 1 & 0 \\ 0 & 1 & 0 & 1 & 1 \\ 0 & 0 & 1 & 0 & 1 \end{bmatrix}$$

$$= \sigma_0^2 \begin{bmatrix} 5/8 & -1/4 & 1/8 & 3/8 & -1/8 \\ -1/4 & 1/2 & -1/4 & 1/4 & 1/4 \\ 1/8 & -1/4 & 5/8 & -1/8 & 3/8 \\ 3/8 & 1/4 & -1/8 & 5/8 & 1/8 \\ -1/8 & 1/4 & 3/8 & 1/8 & 5/8 \end{bmatrix}$$

故平差後 θ_1 之中誤差為 $\sigma_{\theta_1} = \pm\sigma_0\sqrt{5/8} = \pm0.0006555°$

θ_2 之中誤差為 $\sigma_{\theta_2} = \pm\sigma_0\sqrt{1/2} = \pm0.0005863°$

θ_3 之中誤差為 $\sigma_{\theta_3} = \pm\sigma_0\sqrt{5/8} = \pm0.0006555°$

θ_4 之中誤差為 $\sigma_{\theta_4} = \pm\sigma_0\sqrt{5/8} = \pm0.0006555°$

θ_5 之中誤差為 $\sigma_{\theta_5} = \pm\sigma_0\sqrt{5/8} = \pm0.0006555°$

十、精密水準測量一般使用精密水準儀搭配平行玻璃板測微器（Parallel plate micrometer）與銦鋼水準尺施測，試繪簡圖並說明平行玻璃板測微器之作用原理。（25 分）

（110 高考-測量學#4）

參考題解

平行玻璃板測微器之測讀系統由平行玻璃、測微分劃尺、傳動桿、測微器螺旋及讀數裝置所組成，如圖(a)。

平行玻璃板測微器之作用原理如圖(b)所示，設平行玻璃的厚度為 d，當其與垂線成傾斜角 i 時，光線入射角及出射角亦都為 i，即入射光與出射光會產生平行的位移。利用上述原理可以將微小的光線平移量轉化成較大的角度旋轉量。若配合測微器之設計，當測微器螺旋轉動一周，視線平移量恰等於標尺一個分劃間隔，若在測微器分劃尺予以刻劃配合標尺讀數，便能讀得較標尺刻劃更精細的讀數。例如一般精密水準尺的最小分劃為 5 *mm*，若將測微器分劃尺刻成100 格，則每一小格相當於 0.05 *mm*，並可估讀至 0.01 *mm*。

讀數時，如圖(c)所示，旋轉測微器螺旋會帶動圖(a)中傳動桿（K）之連接環節，將同時帶動平行玻璃及測微器分劃尺作對應移動，使標尺影像做上下平移，直到楔形十字絲夾住標尺分劃，最後將水準尺分割讀數81 *cm*，加上測微器分割尺讀數為0.556 *cm*，便得最後讀數為81.556 *cm*。

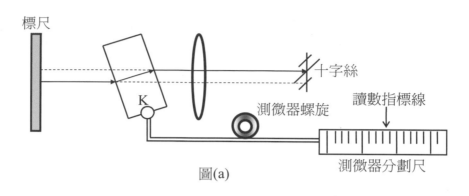

圖(a)

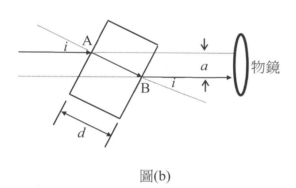

圖(b)

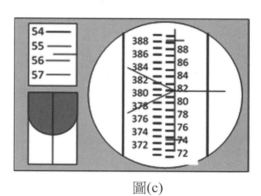

圖(c)

十一、測製 1/1000 數值航測地形圖時採用已知衛星控制點即水準點作為控制點，試說明其檢測原則及檢測標準。（25 分）

（110 土技-工程測量#4）

參考題解

根據內政部頒布「一千分之一數值航測地形圖測製作業規定」實施地面控制測量前，應先檢測已知控制點，檢測原則及檢測標準如下：

（一）已知基本控制點檢測：以符合內政部「基本測量實施規則」加密控制測量相關規定之測量方法，檢測相鄰 3 個點位間之夾角及邊長，實測值與已知點坐標反算值相較差值，角度較差不超過 20 秒，邊長（經必要改正後）差比數不得大於二萬分之一。

（二）已知高程控制點檢測：採用直接水準測量檢測相鄰 2 點位間高程差，每測段往返閉合差不得大於 10 公釐 $\sqrt{K}$（K 為測段距離，以公里計），檢測高程差與原高程差比較差值，不得大於 10 公釐 $\sqrt{K}$（K 為水準路線長，以公里計）。山區得採用間接高程測量（垂直角觀測 2 測回並採對向觀測），測段距離超過 500 公尺時，應作大氣折光及地球曲率誤差改正,檢測高程差與原高程差比較差值,不得大於 7 公分 $\sqrt{N}$ (N 為所經邊數)。

(三)已知點檢測未合格之點位,建置單位應於工作會議中提出討論是否納入強制附合平差作業。

十二、當進行測距任務,所施測兩點間之距離若必須化算至橢球面長度:

(一)其目的為何?(15 分)

(二)以圖示並說明此距離化算之必要元素及程序?(10 分)

(110 三等-平面測量與施工測量#2)

參考題解

(一)由於距離主要是用於點位的平面位置推算,而平面位置計算的參考基準面是橢球面,因此地面所測量的距離必須化算成為橢球面上的距離。

(二)以電子測距為例,所測的距離值必須經過下列三類改正:系統誤差相關改正(包含加常數改正、乘常數改正),大氣折射相關改正(包含氣象改正和曲率改正)和歸化相關改正(包含傾斜改正、海平面化算改正和幾何改正),才能得到正確的水平距離。

1. **加常數改正**:由於測距儀的電磁波發射中心和反射稜鏡等效反射面均與地面點不在同一垂線上,導致測定的距離與實際距離之間有一個常差,稱為儀器加常數 k。設測定距離為 L,必須作如下化算:

$$L_1 = L + k$$

2. **乘常數改正**:測距儀測距時的實際頻率 f' 與標準頻率 f 之間有偏差,造成所測距離產生的比例誤差,必須作如下化算:

$$L_2 = L_1 - L_1 \cdot \left(\frac{f'}{f} - 1\right)$$

3. **氣象改正**:電磁波的傳播速度會受到大氣狀態(溫度 t、氣壓 P、溼度 e)的影響,使得大氣折射率 n 也非常數,故儀器製造時只能假定某個大氣狀態下的 n_0 值來計算距離值,但會與測距時實際大氣狀態的 n 值不同,使得所測定的距離含有一定的誤差,必須作如下化算:

$$L_3 = L_2 \times \frac{n_0}{n}$$

對光電系統的電子測距儀而言,折射率 n 可由下式計算:

$$n = 1 + \frac{n_g - 1}{1 + \alpha \cdot t} \cdot \frac{P}{760} - \frac{5.5 \times 10^{-8}}{1 + \alpha \cdot t} \cdot e$$

上式中：

α 為空氣膨脹係數（約等於 $\frac{1}{273.16}$），t 為大氣溫度（℃），P 為大氣壓力（$mmHg$），e 為大氣絕對溼度，n_g 為群折射係數。在標準大氣狀態（$t = 0$ ℃，$P = 760$ $mmHg$，$e = 0$，二氧化碳含量 0.03%）下，波長為 λ（單位為 μm）之電磁波的 n_g 計算式如下：

$$n_g = 1 + (2876.04 + \frac{48.864}{\lambda^2} + \frac{0.680}{\lambda^4}) \cdot 10^{-7}$$

4. **曲率改正**：電磁波在二點間傳播時，依物理原理電磁波係通過最小抗拒的路徑，形成沿曲線進行而非直線，因此必須將曲線距離改算成直線距離，此改算稱為曲率改正。化算如下：

$$L_4 = L_3 + m \times (m - 1) \times \frac{L^3}{6R^2}$$

上式中的 m 為折射係數，為一常數，依電磁波或光波不同而異，一般光電測距儀取 $m = 0.0625$，R 為地球半徑。經曲率改正後便得到空間直線距離，即斜距。

5. **傾斜改正**：將斜距化算成地面水平距離。當已知測線兩端點的高程差 Δh 時，其化算如下：

$$L_5 = L_4 - \frac{\Delta h^2}{2L_4}$$

6. **海平面化算改正**：將地面水平距離歸算至平均海水面上的距離。其化算如下：

$$L_6 = L_5 - L_5 \cdot \frac{H_m}{R + H_m}$$

式中 H_m 為側線二端點的平均高程，R 為地球半徑。

7. **幾何改正**：由於海平面化算的過程是將地面的水平距離改算成二端點沿其垂線投影到平均海水面上的弦長，但平均海水面是近似球面，因此必須考慮將弦長改算成弧長的誤差改正。設地球半徑為 R（理論上應為過 A 點測線方向的橢球曲率半徑），則其化算如下：

$$L_7 = L_6 + \frac{L_6^3}{24R^2}$$

以下圖說明上述各項改正化算的過程及意義：測定距離為 L 完成加常數改正和乘常數改正後便得到下圖中的距離 L_2，再作氣象改正和曲率改正後便得到下圖中的地面斜距 L_4，再經傾斜改正後便得到地面水平距離 L_5，再經海平面化算後便得下圖中平均海水面上的弦長 L_6，再經幾何改正後便得到下圖中平均海水面上的弧長 L_7。

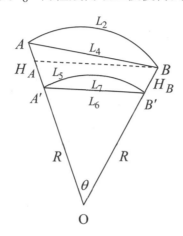

由於平均海水面（大地水準面）為不規則的空間曲面，點位無法化算至其上作進一步應用，故取與大地水準面**甚為吻合**的橢球面視為地球表面，作為地圖投影和平面位置計算的參考基準面。因此，可以將最後化算得到的距離 L_7，視為橢球面上的距離。

十三、一隧道挖掘工程欲貫穿 A、B 兩點，此兩點間距離為 210 公尺，挖掘方向為從 A 到 B，若欲使貫穿時水平方向位置誤差在 3 公分（含）以內，則從 A 點往 B 點挖掘之水平方向線可允許之最大誤差為多少秒？（答案有效位數至秒）（25 分）

（110 三等–平面測量與施工測量#3）

參考題解

$$\frac{0.03}{210} \times 206265'' = 29.47'' \approx 29''$$

水平方向線可允許之最大誤差為 $29''$。

Chapter 2 距離測量
重點內容摘要

■ 鋼捲尺量距之改正項：

1. 尺長改正：$C_L = L\left(\dfrac{D}{D'} - 1\right)$

   D 為捲尺名義長，D′ 為捲尺實長，L 為距離名義長。

2. 傾斜改正：$C_h = -\dfrac{\Delta h^2}{2L}$

   Δh 為高程差，L 為距離名義長。

3. 溫度改正：$C_T = L \times \alpha \times (T_{量距} - T_{檢定})$

   α 為膨脹係數(m/°C)，T 為溫度(°C)，L 為距離名義長。

4. 拉力改正：$C_P = L \times \dfrac{P_{量距} - P_{檢定}}{A \cdot E}$

   A 為捲尺截面積(cm^2)，E 為捲尺彈性係數(kg/cm^2)，P 為拉力(kg)，L 為距離名義長。

5. 懸垂改正：$C_W = -\dfrac{L^3 \times W^2}{24P_{量距}^2}$

   W 為捲尺單位重(kg /m)，P 為拉力(kg)，L 為距離名義長。

6. 海平面化算改正：$C_E = -L \times \dfrac{H}{R+H}$

   R = 6370 km，H 為量距處之平均高程值，L 為距離名義長。

   上述各公式中的名義長，意指根據捲尺刻劃所得到的長度。

■ 鋼捲尺量距與尺長改正相關的題目可以依下式計算：

$$\frac{捲尺實長D'}{捲尺名義長D'} = \frac{距離實長L'}{距離名義長L}$$

⋯⋯⋯⋯⋯⋯⋯⋯⋯⋯⋯⋯⋯⋯⋯⋯⋯⋯⋯⋯⋯⋯⋯⋯⋯⋯⋯⋯⋯⋯⋯

■ 鋼捲尺量距之尺長方程式為：

$$L(t) = L + \Delta L + \alpha \cdot L \cdot (t - t_0)$$

L 為距離名義長，α為鋼捲尺膨脹係數，ΔL 為鋼捲尺在溫度 t_0 時的尺長改正值，t 為量距時的溫度，t_0 為檢定時的溫度。

⋯⋯⋯⋯⋯⋯⋯⋯⋯⋯⋯⋯⋯⋯⋯⋯⋯⋯⋯⋯⋯⋯⋯⋯⋯⋯⋯⋯⋯⋯⋯

■ 電子測距之精度表示方式：$\pm(a^{mm} + b^{ppm})$

其中 a 為固定誤差，單位為 mm；b 為比例誤差，無單位，ppm 表示百萬分之一（即10^{-6}）。

■ 電子測距之完整正確的精度計算式為：$\sigma_D = \pm\sqrt{(a)^2 + (b \times 10^{-6} \times D)^2}$ 。

⋯⋯⋯⋯⋯⋯⋯⋯⋯⋯⋯⋯⋯⋯⋯⋯⋯⋯⋯⋯⋯⋯⋯⋯⋯⋯⋯⋯⋯⋯⋯

■ 坡度的表示法有三種：

1. 百分比方式：$r\% = \frac{\Delta h}{S} \times 100\% = \frac{高程差}{水平距離}$

   ➜ 高程差 = 水平距離 × r%

2. 角度方式：$\tan\theta = \frac{\Delta h}{S} = \frac{高程差}{水平距離}$

   ➜ $\theta = \tan^{-1}(r\%) = \tan^{-1}\left(\frac{高程差}{水平距離}\right)$

3. 比例方式：1：r ＝ 垂直:水平，如用於道路橫斷面測量之邊坡比。

一、在測量的實務工作中，必須注意測量數據的偵錯、剔錯、有效位數及度量衡單位，舉
例來說，量測一段距離七次，其觀測值如下：

369.42 m, 369.44 m, 369.40 m, 269.99 m, 369.46 m, 369.41 m, 369.43 m

則該段距離之最或是值（most probable value）及最或是值的中誤差（standard deviation）
分別為多少？（20 分）

（108 三等－平面測量與施工測量#1）

參考題解

七次距離觀測量中的 $269.99m$ 與其他觀測量之間有極大差距是為明顯錯誤觀測量，直接予以
剔除。故用剩餘六個觀測量計算如下：

$$L = \frac{369.42 + 369.44 + 369.40 + 369.46 + 369.41 + 369.43}{6} = 369.43m$$

改正數計算如下：

$$v_1 = 369.43 - 369.42 = 0.01m \qquad v_2 = 369.43 - 369.44 = -0.01m$$
$$v_3 = 369.43 - 369.40 = 0.03m \qquad v_4 = 369.43 - 369.46 = -0.03m$$
$$v_5 = 369.43 - 369.41 = 0.02m \qquad v_6 = 369.43 - 369.43 = 0.00m$$
$$[vv] = 0.01^2 + (-0.01)^2 + 0.03^2 + (-0.03)^2 + 0.02^2 + 0.00^2 = 0.0024m^2$$

單位權中誤差 $\sigma_0 = \pm\sqrt{\dfrac{0.0024}{6-1}} = \pm 0.02m$

因各觀測量改正數絕對值皆小於 $2|\sigma_0| = 0.04m$，故再無錯誤觀測量。

最或是值的中誤差 $\sigma_L = \pm\sqrt{\dfrac{0.0024}{6 \times (6-1)}} = \pm 0.009m \approx \pm 0.01m$

二、於某一基線場使用特定之全站儀（Total Station）與稜鏡組合進行率定測量作業，所得
　　順向施測水平距離如下表，試列出觀測方程式及說明計算過程求此儀器組合測距之精
　　度 $\pm(C+S\times D)mm$，即求其中 C 加常數（單位 mm）、S 乘常數（無單位 ppm）之值，
　　及計算此一率定成果之中誤差。（25 分）

項次	順向施測 （儀器站→稜鏡站）	已知水平距離 D′(m)	實測水平距離 D (m)
1	0 → 1	D_1'	D_1
2	0 → 2	D_2'	D_2
3	0 → 3	D_3'	D_3
4	1 → 3	D_4'	D_4
5	2 → 3	D_5'	D_5

（110 高考-測量學#1）

參考題解

觀測方程式為：

$$V_1 = -C - S\times D_1 + D_1'$$
$$V_2 = -C - S\times D_2 + D_2'$$
$$V_3 = -C - S\times D_3 + D_3'$$
$$V_4 = -C - S\times D_4 + D_4'$$
$$V_5 = -C - S\times D_5 + D_5'$$

以矩陣形式表示如下：

$$
\begin{bmatrix} V_1 \\ V_2 \\ V_3 \\ V_4 \\ V_5 \end{bmatrix} = \begin{bmatrix} -1 & -D_1 \\ -1 & -D_2 \\ -1 & -D_3 \\ -1 & -D_4 \\ -1 & -D_5 \end{bmatrix} \times \begin{bmatrix} C \\ S \end{bmatrix} - \begin{bmatrix} -D_1' \\ -D_2' \\ -D_3' \\ -D_4' \\ -D_5' \end{bmatrix}
$$

$$
N = \begin{bmatrix} -1 & -1 & -1 & -1 & -1 \\ -D_1 & -D_2 & -D_3 & -D_4 & -D_5 \end{bmatrix} \times \begin{bmatrix} -1 & -D_1 \\ -1 & -D_2 \\ -1 & -D_3 \\ -1 & -D_4 \\ -1 & -D_5 \end{bmatrix} = \begin{bmatrix} 5 & [D] \\ [D] & [D^2] \end{bmatrix}
$$

$$n = \begin{bmatrix} -1 & -1 & -1 & -1 & -1 \\ -D_1 & -D_2 & -D_3 & -D_4 & -D_5 \end{bmatrix} \times \begin{bmatrix} -D_1' \\ -D_2' \\ -D_3' \\ -D_4' \\ -D_5' \end{bmatrix} = \begin{bmatrix} [D'] \\ [D \times D'] \end{bmatrix}$$

法方程式為：

$$\begin{bmatrix} C \\ S \end{bmatrix} = \frac{1}{5[D^2]-[D]^2} \times \begin{bmatrix} [D^2] & -[D] \\ -[D] & 5 \end{bmatrix} \times \begin{bmatrix} [D'] \\ [D' \times D] \end{bmatrix}$$

解得：

$$C = \frac{[D^2] \times [D'] - [D] \times [D \times D']}{5 \times [D^2] - [D]^2}$$

$$S = \frac{5 \times [D \times D'] - [D] \times [D']}{5 \times [D^2] - [D]^2}$$

將解得的 C、S 值代入觀測方程式可以解得各改正數 V，便可求得改正數平方和 $[VV]$，因此可以依據下式計算單位權中誤差：

$$\sigma_0 = \pm\sqrt{\frac{[VV]}{5-2}}$$

又　　$N^{-1} = \frac{1}{5 \times [D^2] - [D]^2} \begin{bmatrix} [D^2] & -[D] \\ -[D] & 5 \end{bmatrix}$

故得加常數 C 之中誤差為：

$$\sigma_C = \pm\sigma_0 \times \sqrt{\frac{[D^2]}{5 \times [D^2] - [D]^2}}$$

乘常數 S 之中誤差為：

$$\sigma_R = \pm\sigma_0 \times \sqrt{\frac{5}{5 \times [D^2] - [D]^2}}$$

3 水準測量
重點內容摘要

■ 請解釋下列名詞：

1. **水準面**：為一不規則的空間曲面，此面上各點的垂線方向與重力線方向重合，其物理意義為處處位能相等的等位面。

2. **水準基面**：定義一水準面為高程起算面，理論上應採用大地水準面（Geoid），但一般均採驗潮的程序，取 19 年的海水面平均位置稱為平均海水面，當作水準基面。

3. **高程**：空間某點位沿其垂線至平均海水面之間的垂直距離。

4. **視準軸**：物鏡中心與十字絲中心的連線。

5. **水準軸**：通過水準管表面刻劃中點的切線。

6. **直立軸（垂直軸）**：水準儀水平轉動所依據的軸，儀器架設完成後應與垂線重合。

7. **後視（B.S.）**：水準測量過程中，各測站先觀測的標尺讀數，其視線方向與測線前進方向相反。

8. **前視（F.S.）**：水準測量過程中，各測站後觀測的標尺讀數，其視線方向與測線前進方向相同。

9. **轉點（T.P.）**：水準測量過程中既當前視又當後視的點。

10. **間視（I.P.）**：水準測量過程中僅當前視的點，亦稱為中間點。

11. **視準軸高（H.I.）**：視準軸至水準基面的垂直距離。

12. **儀器高**：視準軸至地面點位的垂直距離。

■ 水準管靈敏度是指水準管氣泡偏移一格（2mm）時，視線所傾斜的角度值 γ''，以 $\gamma''/2mm$ 表示。相關公式有：

1. $\gamma''=\rho''\times\dfrac{2^{mm}}{R}$ ；R 為水準管曲率半徑。

2. $\gamma''=\rho''\times\dfrac{a-b}{N\cdot D}$ ；a、b 為標尺讀數，N 為氣泡偏離格數，D 為標尺與水準儀之水平距。

■ 水準儀各軸之間應滿足的幾何條件為：

1. 水準軸應垂直於直立軸。

2. 視準軸應平行於水準軸。

■ 水準測量應保持前後是距離相等之目的，是可以消除下列誤差：

1. 視準軸誤差（視準軸不平行於水準軸）。

2. 地球曲率差（將具有一定曲率的地球面視為水平面所產生的理論誤差）。

3. 大氣折光差（將具有一定折射現象的視線視為直線所產生的理論誤差）。

■ 渡河水準測量公式：

1. 於測站 S_1 架設水準儀，讀得 A、B 兩點之標尺讀數分別為 b_1、f_1。

2. 於測站 S_2 架設水準儀，讀得 A、B 兩點之標尺讀數分別為 b_2、f_2。

3. 則高程差為：$\Delta h_{AB} = \dfrac{b_1 + b_2}{2} - \dfrac{f_1 + f_2}{2}$。

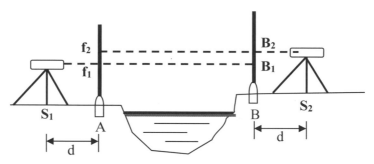

■ 面積水準測量之土方量計算公式：

$$V = \frac{A}{4}([h_1] + 2 \times [h_2] + 3 \times [h_3] + 4 \times [h_4])$$

挖填方平衡時的高程值＝測區最低點高程值＋$\dfrac{V}{[A]}$

式中：

　A 為方格面積，

　$[h_i]$ 為被 i 個方格共用的結點和測區最低點的高程差總和，

　V 為測區最低點以上的土方量，

　[A] 為方格面積總和。

■ 水準測量之誤差（閉合差）限制值計算式為：

$$|\varepsilon| \le \left|C\sqrt{L}\right|_{mm}。$$

式中 ε 為閉合差，C 為規範值，L 為測線長（以 km 诶單位）。

・・

■ 水準測量平差公式：

1. 按距離平差：$\gamma_i = -\dfrac{\ell_i}{L} \times \varepsilon$

2. 按點數平差：$\gamma_i = -\dfrac{i}{N} \times \varepsilon$

式中：

i 為第 i 個測點，

γ_i 為第 i 個測點的高程改正值，

ε 為閉合差值，

ℓ_i 為第 i 個測點與起點之測線長，

L 為測線總長，

N 為總測點數。

上述公式之所謂「測點」，並不包含水準測量之起點和中間點。

・・

■ 地球曲率差改正公式：$\dfrac{S^2}{2R}$

大氣折光差改正公式：$\dfrac{-k \cdot S^2}{2R}$

參考題解

一、如圖，A、B、C、D 四點之水平位置共線，點間距如圖所示。B、D 置水準尺，置水準儀於 C 得 $b_1 = 0.923m$，$f_1 = 0.875m$，後將水準儀移至 A，得讀數 $b_2 = 1.145m$，$f_2 = 1.100m$。回答下列問題：

（一）計算視準軸誤差（仰角為 " + "，俯角為 " − "）。（10 分）

（二）依所提供之數據是否可求 $H_D - H_B$ 之中誤差？若可，提出程序；若不可，提出理由。（10 分）

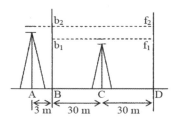

（106 高考-測量學#4）

參考題解

（一）設水準儀每公尺視準軸誤差量為 σ 公尺，則

水準儀在 C 處 B、D 兩點之正確高程差應為：

$$\Delta h_{BD} = (0.923 - 30\sigma) - (0.875 - 30\sigma) = 0.048m$$

水準儀在 A 處 B、D 兩點之正確高程差應為：

$$\Delta h_{BD} = (1.145 - 3\sigma) - (1.100 - 63) = (0.045 + 60\sigma)\ m$$

因，$0.048 = 0.045 + 60\sigma$

解得：$\sigma = +0.00005m$

以角度量且以秒為單位表示為：$\sigma'' = +206265'' \times 0.00005 = +10.3''$（仰角）

（二）$H_D - H_B = \Delta h_{BD} = b_1 - f_1$，設標尺讀數中誤差為 m，則 Δh_{DB} 之中誤差為：

$$m_{\Delta h_{BD}} = \pm\sqrt{m^2 + m^2} = \pm\sqrt{2}m$$

然由於題目並未給予標尺讀數中誤差 m 之數據，因此無法計算 $H_D - H_B$ 之中誤差。

二、已知 BM_A 及 BM_B 兩點高程分別為 $32.223m$ 及 $31.331m$，以逐差水準測量從 BM_A 出發，
經過三個轉點分四段觀測至 BM_B，觀測得各段之高程差及各段里程如下圖。請計算此
附合水準測量之閉合差，試說明該測量成果是否合乎 $\pm 7\sqrt{k}$（mm）要求。（20 分）

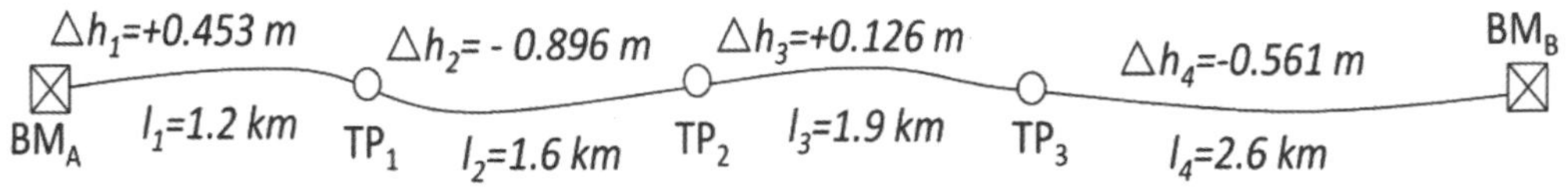

$\triangle h_1 = +0.453\ m$ $\qquad$ $\triangle h_2 = -0.896\ m$ $\qquad$ $\triangle h_3 = +0.126\ m$ $\qquad$ $\triangle h_4 = -0.561\ m$ $\qquad$ BM_B

BM_A $\quad$ $l_1 = 1.2\ km$ $\quad$ TP$_1$ $\quad$ $l_2 = 1.6\ km$ $\quad$ TP$_2$ $\quad$ $l_3 = 1.9\ km$ $\quad$ TP$_3$ $\quad$ $l_4 = 2.6\ km$

（106 四等-測量學概要#3）

參考題解

閉合差 $w = (0.453 - 0.896 + 0.126 - 0.561) - (31.331 - 32.223) = +0.014m = +14mm$

水準線長度 $k = 1.2 + 1.6 + 1.9 + 2.6 = 7.3km$

規範值 $\varepsilon = \pm 7\sqrt{7.3} = \pm 18.9 \approx \pm 19mm$

因 $|w| < |\varepsilon|$，即 $14mm < 19mm$，故該測量成果合乎 $\pm 7\sqrt{k}$（mm）要求。

三、若有一段直接水準測量共需要設置水準儀 20 個測站，而若對前視及後視水準尺讀數
之標準誤差皆為 1.00 公釐，請計算此直接水準測量測線所預期得到高程差之標準誤差
為何？（20 分）

（106 四等-測量學概要#4）

參考題解

每一測站高程差之中誤差為：

$$\sigma = \pm\sqrt{1^2 + 1^2} = \pm\sqrt{2}mm$$

此水準測量共有 20 個測站，故預期得到高程差之標準誤差為：

$$M = \pm\sqrt{20 \times (\sqrt{2})^2} = \pm 6.3mm \approx \pm 6mm$$

四、試說明水準儀望遠鏡視準軸應與水準管水準軸平行的檢驗原理，並列出傾斜角之計算
公式及繪圖說明其對水準測量時前後視距離不同時之影響。（25 分）

（107 高考-測量學#1）

參考題解

水準儀望遠鏡視準軸應與水準管水準軸平行，二者若不平行稱為視準軸誤差，其檢驗須採用
「定樁法」實施。定樁法之原理及過程說明如下：

（一）如下圖，將水準儀架設在相距 D 公尺之 A、B 兩標尺之中央處 S_1，並讀得 A、B 兩標尺之讀數分別為 b_1、f_1。

設 A、B 兩標尺之正確讀數分別為 b_1'、f_1'，因水準儀與二標尺之距離相等，故視準軸誤差對 A、B 二標尺造成的讀數誤差量皆為 $\varepsilon/2$，則 A、B 兩樁之正確高程差為：

$$\Delta h_1 = b_1' - f_1' = (b_1 - \frac{\varepsilon}{2}) - (f_1 - \frac{\varepsilon}{2}) = b_1 - f_1 \cdots (1)$$

由上式可以得知：當前後視距離相等時可以消除視準軸誤差。

（二）如下圖，再將水準儀架設於 B 標尺後 d 公尺處之 S_2，並讀得 A、B 兩標尺之讀數分別為 b_2、f_2。

設 A、B 兩標尺之正確讀數分別為 b_2'、f_2'，因水準儀與二標尺之距離不相等，故視準軸誤差對 A、B 二標尺造成的讀數誤差量分別為 $\varepsilon + \Delta$ 和 Δ，則 A、B 兩標尺之正確高程差為：

$$\Delta h_2 = b_2' - f_2' = [b_2 - (\varepsilon + \Delta)] - (f_2 - \Delta) = (b_2 - f_2) - \varepsilon \cdots (2)$$

由上式可以得知：當前後視距離不相等時，無法消除視準軸誤差，由讀數 b_2、f_2 計算之高程差會殘存著視準軸誤差造成的誤差量 ε。

（三）傾斜角之計算：

因 $\Delta h_1 = \Delta h_2$，故得：$\varepsilon = (b_2 - f_2) - (b_1 - f_1)$

ε 是標尺距離水準儀 D 公尺造成的誤差量，故視準軸傾斜角 θ 計算公式如下：

$$\theta = \rho'' \times \frac{\varepsilon}{D}$$

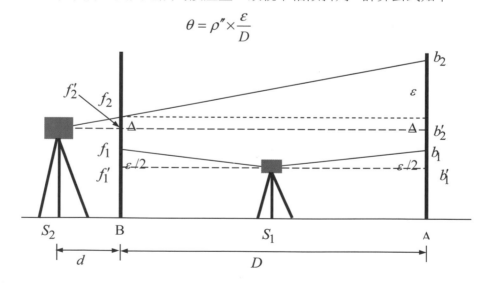

五、針對水準測量，請回答下列問題：

（一）分析偶然誤差來源。（10分）

（二）分析系統誤差來源並說明如何改正或消除？（15分）

（107 三等-平面測量與施工測量#3）

參考題解

（一）偶然誤差的來源

1. 儀器因素造成的偶然誤差

   （1）標尺刻劃誤差：標尺各刻劃之間的間距未能真正的完全一致。

   （2）水準管靈敏度誤差：水準管靈敏度是指當氣泡偏移 $2mm$（一格）時視線傾斜的角度值為 γ''，然 γ'' 值有其不可避免的偶然誤差。

   （3）補正器視線導平誤差：補正器可以讓水準儀在一定的傾斜範圍內讀到視線水平時的標尺讀數，然其補正過程也有不可避免的偶然誤差。

   （4）透鏡畸變差：標尺影像經過物鏡成像在十字絲面上，再經目鏡放大標尺影像而讀數，然標尺影像會因透鏡畸變差而微量扭曲造成讀數的偶然誤差。

2. 人為因素造成的偶然誤差

   （1）標尺豎直誤差：一般以執尺人員依照自己判斷或依據圓盒氣泡使標尺豎直，然實際上仍會因無法完全豎直而造成讀數增加的偶然誤差。

   （2）讀數誤差：對標尺讀數的估讀誤差。

   （3）視差：因誤鏡或目鏡調焦未確實，造成標尺影像未能成像在十字絲面上所造成的讀數誤差。

   （4）轉點沉陷誤差：於鬆軟土地架設標尺，未踏實尺墊致使尺墊在觀測過程中微量沉陷，此誤差將造成讀數些微增大。

   （5）儀器沉陷誤差：於鬆軟土地架設儀器，未踏實腳架架腿致使腳架在觀測過程中微量沉陷，此誤差將造成讀數些微減小。

3. 自然因素造成的偶然誤差

   （1）地面水蒸氣影響：因地面水蒸氣蒸發造成標尺影像不斷扭動，致使標尺影像不清且不易讀數。

   （2）觀測時因視線逆光造成讀數誤差。

（二）系統誤差來源及改正或消除方法

誤差項目	誤差成因	改正或消除方法
水準軸誤差	水準軸不垂直於直立軸	以半半改正校正之。
視準軸誤差	視準軸不平行於水準軸	以定樁法校正之或施測時保持前後視距離相等消除之。
標尺底部凹陷誤差	標尺底部不為平面，造成標尺讀數增加。	觀測時由後視轉成前視時，必須以固定接觸點旋轉，且測站數必須保持為偶數。
標尺尺長誤差	標尺刻劃並非實長	對標尺刻劃進行檢定再對讀數作修正。
地球曲率誤差	將水準面(球面)視為水平面所造成的讀數誤差。	施測時保持前後視距離相等消除之。或以公式改正之。
大氣折光誤差	視線受到大氣折射造成的讀數誤差。	施測時保持前後視距離相等消除之。或以公式改正之。

六、使用甲類水準儀器設備進行 1 公里水準測量，其高程差誤差為 ±15 公厘；以乙類水準儀器設備進行 100 公尺的水準測量，其高程差誤差為 ±5 公厘。假設水準測量之方差（或稱變方，Variance）與施測長度成正比，則：

（一）甲類或乙類水準儀器設備施測精度較高？（無計算過程者，不予計分）（15 分）

（二）在施測相同路線長度之條件下，若將甲類水準儀器設備所測得之高程差觀測品質其權（Weight）設為 1，則乙類水準儀器設備高程差觀測品質對應之權為若干？（10 分）

（108 普考－測量學概要#3）

參考題解

（一）甲、乙二類水準儀器設備之規範值計算如下

$$\pm 15 = C_甲 \sqrt{1} \qquad \rightarrow \qquad C_甲 = 15$$
$$\pm 5 = C_乙 \sqrt{0.1} \qquad \rightarrow \qquad C_乙 = 15.8 \approx 16$$

因 $C_甲 < C_乙$，故甲類水準儀器設備施測精度較高。

（二）設施測路線長度為 L，則甲、乙二類水準儀器設備之中誤差分別為

$$M_甲 = \pm 15 \sqrt{L} \ mm$$
$$M_乙 = \pm 16 \sqrt{L} \ mm$$

因權與中誤差平方成反比，故得

$$P_甲 : P_乙 = \frac{(15\sqrt{L})^2}{(15\sqrt{L})^2} : \frac{(15\sqrt{L})^2}{(16\sqrt{L})^2} = 1 : 0.88$$

若將甲類水準儀器設備所測得之高程差觀測品質其權（Weight）設為 1，則乙類水準儀器設備高程差觀測品質對應之權為 0.88。

七、已知某一水準儀之視準軸誤差為 30′（向下），後視觀測之上、中、下絲水準尺讀數分別為 1.038 m、0.950 m、0.862 m，前視觀測之上、中、下絲水準尺讀數分別為 1.260 m、1.010 m、0.760 m。假設該水準儀之視距常數為 100，請計算該兩點間之高程差值。（25分）

（109 土技-工程測量#3）

參考題解

後視距離 $= 100 \times (1.038 - 0.862) \times \cos 30' = 17.599 m$

前視距離 $= 100 \times (1.260 - 0.760) \times \cos 30' = 49.998 m$

因視準軸誤差為 30′（向下），故每公尺視準軸誤差量 $\sigma = 1 \times \tan 30' = \tan 30' \; m$（向下）。

$$
\begin{aligned}
高程差 &= (0.950 + 17.599\sigma) - (1.010 + 49.998\sigma) \\
&= (0.950 + 17.599 \times \tan 30') - (1.010 + 49.998 \times \tan 30') \\
&= 1.104 - 1.447 \\
&= -0.343 m
\end{aligned}
$$

八、使用全站儀（Total Station）由二已知全控制點 A、B 分別進行導線測量及三角高程測量至 P 點，並計算得 P 點坐標成果如下表，試求 P 點之三維坐標最或然值及其中誤差？（25分）

路線	路線長	P 點橫坐標	P 點縱坐標	P 點高程
A→P	4.0 km	299.950 m	253.110 m	92.675 m
B→P	2.5 km	299.736 m	252.984 m	92.655 m

（110 土技-工程測量#2）

參考題解

$$P_{AP} : P_{BP} = \frac{1}{4.0} : \frac{1}{2.5} = 5 : 8$$

$$P 點橫坐標 = \frac{5 \times 299.950 + 8 \times 299.736}{5 + 8} = 299.818 \; m$$

$$V_1 = 299.818 - 299.950 = -0.132 \; m$$

$$V_2 = 299.818 - 299.736 = +0.082 \; m$$

$$\sigma_{橫坐標} = \pm\sqrt{\frac{[5 \times (-0.132)^2 + 8 \times 0.082^2]}{(5+8)(2-1)}} = \pm 0.104 \; m$$

$$P \text{ 點縱坐標} = \frac{5 \times 253.110 + 8 \times 252.984}{5+8} = 253.032 \; m$$

$$V_1 = 253.032 - 253.110 = -0.078 \; m$$

$$V_2 = 253.032 - 252.984 = +0.048 \; m$$

$$\sigma_{縱坐標} = \pm\sqrt{\frac{[5 \times (-0.078)^2 + 8 \times 0.048^2]}{(5+8)(2-1)}} = \pm 0.061 \; m$$

$$P \text{ 點高程} = \frac{5 \times 92.675 + 8 \times 92.655}{5+8} = 92.663 \; m$$

$$V_1 = 92.663 - 92.675 = -0.012 \; m$$

$$V_2 = 92.663 - 92.655 = +0.008 \; m$$

$$\sigma_{高程} = \pm\sqrt{\frac{[5 \times (-0.012)^2 + 8 \times 0.008^2]}{(5+8)(2-1)}} = \pm 0.010 \; m$$

九、水準測量前視及後視點位分別為 A 及 B，B 點高程為 10.015 公尺與其標準（偏）差為
0.003 公尺：

（一）若前視水準標尺中絲讀數為 1.671 公尺，後視水準標尺中絲讀數為 1.455 公尺，
則 A 點高程為何？（15 分）

（二）若前述前視及後視標尺讀數之標準（偏）差均為 0.002 公尺，所有誤差不相關，
則經由此水準測量所得之 A 點高程標準（偏）差為多少公釐？（答案有效位數
至公釐）（10 分）

（110 三等–平面測量與施工測量#1）

參考題解

（一）$\Delta h_{BA} = 1.455 - 1.671 = -0.216 \; m$

$\quad H_A = H_B + \Delta h_{BA} = 10.015 - 0.216 = 9.799 \; m$

（二）$M_{\Delta h_{AB}} = \pm\sqrt{0.002^2 + 0.002^2} = \pm 0.003 \; m$

$\quad M_{H_A} = \pm\sqrt{0.003^2 + 0.003^2} = \pm 0.004 \; m$

十、在一個 Y 形網中，按同一等級直接水準測量分別由三個水準路線觀測得到結點 P 之高程成果如下表所示，試求 P 點高程之最或然值及其中誤差。（25 分）

路線	P 點之高程	路線長
1	63.640 m	6.0 km
2	63.655 m	5.0 km
3	63.676 m	4.0 km

（110 普考-測量學概要#1）

參考題解

因按同一等級進行直接水準測量，故權與路線長成反比，即

$$P_1 : P_2 : P_3 = \frac{1}{6.0} : \frac{1}{5.0} : \frac{1}{4.0} = 1 : 1.2 : 1.5$$

P 點高程之最或是值 $H_P = 63.000 + \dfrac{1 \times 0.640 + 1.2 \times 0.655 + 1.5 \times 0.676}{1 + 1.2 + 1.5} = 63.659m$

$$V_1 = 63.659 - 63.640 = +0.019m$$

$$V_2 = 63.659 - 63.655 = +0.004m$$

$$V_3 = 63.659 - 63.676 = -0.017m$$

$$[PVV] = 1 \times 0.019^2 + 1.2 \times 0.004^2 + 1.5 \times (-0.017)^2 = 8.137 \times 10^{-4} m^2$$

P 點高程最或是值之中誤差 $M_{H_P} = \pm \sqrt{\dfrac{8.137 \times 10^{-4}}{(1 + 1.2 + 1.5) \times (3 - 1)}} = \pm 0.010m$

十一、試說明對向交互水準測量作業程序、應用時機與可消除那些誤差的影響。（25 分）

（110 普考-測量學概要#2）

參考題解

使用時機：當水準測量過程中遇到河流、峽谷或高速公路等障礙，無法採一般逐差水準測量方式跨越障礙時，可以實施對向交互水準測量作兩岸高程差的測定。

作業程序：如下圖所示，觀測及計算程序說明如下：

（一）於兩岸距離較短處設立臨時水準點 A、B。

（二）於 S_1（與 A 點相距 d 公尺），讀得 A、B 兩標尺讀數分別為 b_1、f_1。

（三）於 S_2（與 B 點相距 d 公尺），讀得 A、B 兩標尺讀數分別為 b_2、f_2。

（四）設觀測時因水準儀視準軸誤差、大氣折光差和地球曲率差造成近尺之讀數誤差為Δ，遠尺之讀數誤差為ε，則

在 S_1 之正確高程差為：$\Delta h_{S_1} = (b_1 - \Delta) - (f_1 - \varepsilon) = (b_1 - f_1) - \Delta + \varepsilon$

在 S_2 之正確高程差為：$\Delta h_{S_2} = (b_2 - \varepsilon) - (f_2 - \Delta) = (b_2 - f_2) + \Delta - \varepsilon$

A、B 兩點之高程差為：$\Delta h_{AB} = \dfrac{\Delta h_{S_1} + \Delta h_{S_2}}{2} = \dfrac{b_1 + b_2}{2} - \dfrac{f_1 + f_2}{2}$

由上述作業程序得知：對向交互水準測量可以消除水準儀視準軸誤差、大氣折光差和地球曲率差造成的標尺讀數誤差，因此可提升成果之精度。

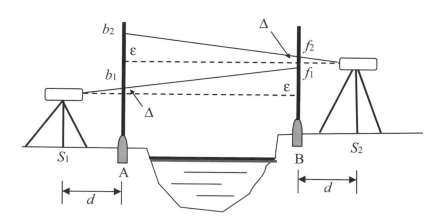

十二、某次水準測量觀測資料如下圖所示，水準點 BM33 的高程為 10.125 m，水準點 BM5 的高程待定，往返總距離約為 1.6 km。

（一）自行製表完成水準觀測紀錄表（含水準路線成果簡圖）。（10 分）

（二）本次測量成果是否合乎 $7mm\sqrt{K}$ （ K 為公里數）的要求？（5 分）

（三）計算出高程點 BM5 之高程。（10 分）

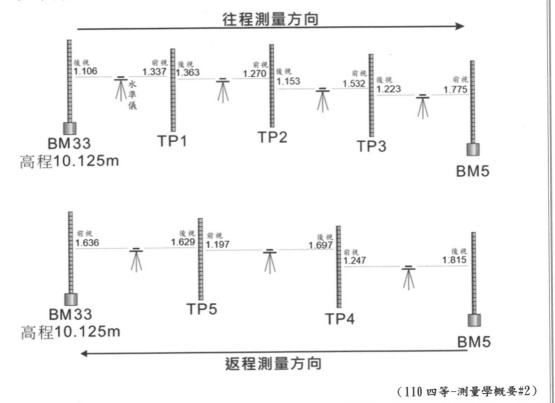

（110 四等-測量學概要#2）

參考題解

（一）往測觀測記錄表

測點	後視	前視	高程差		高程
			+	−	
BM33	1.106				10.125
TP1	1.363	1.337		0.231	9.894
TP2	1.153	1.270	0.093		9.987
TP3	1.223	1.532		0.379	9.608
BM5		1.775		0.552	9.056
	[4.845]	[5.914]	[0.093]	[1.162]	

$\Delta h_{往} = 4.845 - 5.914 = -1.069 \ m$

返測觀測記錄表

測點	後視	前視	高程差		高程
			+	−	
BM5	1.815				9.064
TP4	1.697	1.247	0.568		9.632
TP5	1.629	1.197	0.500		10.132
BM33		1.636		0.007	10.125
	[5.141]	[4.080]	[1.068]	[0.007]	

$\Delta h_{返} = 5.141 - 4.080 = +1.061 \ m$

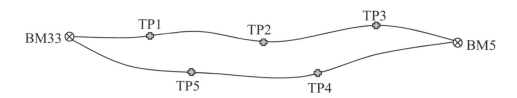

（二）往返測閉合差 $\varepsilon = -1.069 + 1.061 = -0.008 \ m$

閉合差限制值 $= 7\sqrt{1.6} = 8.8 \ mm \approx 9 \ mm$

因 $|\varepsilon| = 8 \ mm < 9 \ mm$，故成果合乎規範。

（三）往返測平均值 $\Delta h = \dfrac{-1.069 - 1.061}{2} = -1.065 \ m$

$H_{BM5} = 10.125 - 1.065 = 9.060 \ m$

Chapter 4 經緯儀測量 重點內容摘要

■ 名詞解釋：

1. **垂直角：**水平線至測線之間的縱向夾角，仰角為正，俯角為負。其範圍是 $0° \sim ±90°$。

2. **天頂距：**自天頂起算，順時針至測線之間的縱向夾角。其範圍是 $0° \sim 180°$。

3. **方位角：**自北方起算順時針至測線之間的水平夾角。若起算依據之北方為真北，稱為真方位角；若為磁北，則稱為磁方位角。

4. **方向角：**以南北向之子午線為準，測線與子午線之間所夾的水平銳角，以 $\begin{smallmatrix}N\\S\end{smallmatrix}$ 角度值 $\begin{smallmatrix}E\\W\end{smallmatrix}$ 方式表示，唸為北（或南）偏東（或西）多少度。

5. **磁偏角：**磁北與真北之間的水平夾角，若磁北在真北之東邊或西邊，稱為東偏或西偏。磁偏角 = 真方位角 − 磁方位角，正值為東偏，負值為西偏。

6. **製圖角：**方格北與真北之間的水平夾角，若方格北在真北之東邊或西邊，稱為東偏或西偏。亦稱為子午線收斂角。製圖角 = 真方位角 − 坐標（方格）方位角，正值為東偏，負值為西偏。

7. **指標差：**當經緯儀望遠鏡正鏡水平時，縱角度盤讀數應為 $0°$ 或 $90°$（視度盤種類而定）否則度盤度數與 $0°$ 或 $90°$ 之差值，即為指標差。水平角並無指標差，原因是水動盤與其讀數指標之間並無固定的對應關係。

8. **偏角：**前一測線之延長線與下一測線之間的水平夾角，右偏為正，左偏為負。

....

■ 對同一測線而言，其方位角與反方位角相差 180 度，其方向角與反方向角則為角度值相同，但方向表示皆相反。應該熟悉方位角、反方位角、方向角和反方向角四者之間的快速互換。

....

■ 已知 $A(N_A, E_A)$、$B(N_B, E_B)$，求 $\overline{AB}$ 之方位角：

1. 先求坐標差並判斷座落象限：$\Delta E = E_B - E_A$，$\Delta N = N_B - N_A$

2. 計算方向角：$\theta = \tan^{-1} \dfrac{\Delta E}{\Delta N}$

3. 計算方位角：根據座落象限，依下表計算正確方位角：

象限	ΔE	ΔN	方 位 角
I	＋	＋	$\phi_{AB} = \theta$
II	＋	－	$\phi_{AB} = \theta + 180°$（$\theta$ 為負值）
III	－	－	$\phi_{AB} = \theta + 180°$（$\theta$ 為正值）
IV	－	＋	$\phi_{AB} = \theta + 360°$（$\theta$ 為負值）

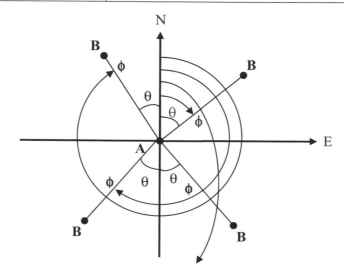

■ 對同一個觀測目標而言，天頂距值＋垂直角值＝90°。

■ 全圓周式度盤之計算公式：

1. 仰角情形

   垂直角 $\alpha = \dfrac{\alpha_{正} - \alpha_{倒}}{2} + 90°$

   指標差 $i = \dfrac{\alpha_{正} + \alpha_{倒}}{2} - 90°$

2. 仰角情形

   垂直角 $\alpha = \dfrac{\alpha_{正} - \alpha_{倒}}{2} + 270°$

   指標差 $i = \dfrac{\alpha_{正} + \alpha_{倒}}{2} - 270°$

■ 利用下式可以快速地計算出縱角指標差、垂直角及天頂距。

$$2i = （正鏡讀數＋倒鏡讀數）- \begin{cases} 180° & （全圓周式度盤仰角情形） \\ 540° & （全圓周式度盤俯角情形） \\ 360° & （天頂距式度盤） \end{cases}$$

縱角（天頂距或垂直角）＝正鏡讀數－i

■ 經緯儀測角時，採正倒鏡觀測取平均，可以消除下列儀器誤差：
　1.橫軸誤差、2.視準軸誤差、3.視準軸偏心誤差、4.縱角指標差。

■ 經緯儀若有視準軸誤差 e 時，則望遠鏡縱轉後，視線會偏離正確方

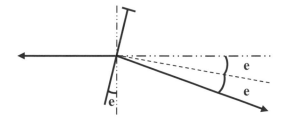

■ 設經緯儀之瞄準誤差為 $\pm\sigma_1''$、讀數誤差為 $\pm\sigma_2''$，則

1. 單角法觀測角度 n 次之平均值之中誤差為：$m_{n次} = \pm\sqrt{\dfrac{2 \cdot (\sigma_1^2 + \sigma_2^2)}{n}}$

2. 單角法觀測角度 n 測回之平均值之中誤差為：$m_{n測回} = \pm\sqrt{\dfrac{\sigma_1^2 + \sigma_2^2}{n}}$

3. 複測法 A 法（2n 倍角法）之中誤差為：$m_n = \pm\dfrac{1}{2n}\sqrt{4n \cdot \sigma_1^2 + 2\sigma_2^2}$

4. 複測法 B 法（n 倍角法）之中誤差為：$m_n = \pm\dfrac{1}{2n}\sqrt{4n \cdot \sigma_1^2 + 3\sigma_2^2}$

■ 經緯儀儀器誤差對水平角觀測之影響量：

1. 視準軸誤差（e）

   方向影響量：$E = e \times \sec\alpha$

   角度影響量：$\Delta_E = E_B - E_A = e \times (\sec\alpha_B - \sec\alpha_A)$

2. 橫軸誤差（i）

   方向影響量：$I = i \times \tan\alpha$

   角度影響量：$\Delta_I = I_B - I_A = i \times (\tan\alpha_B - \tan\alpha_A)$

3. 直立軸誤差（v）

   方向影響量：$V = v \times \sin\mu \times \tan\alpha$

   角度影響量：$\Delta_V = V_B - V_A = v \times (\sin\mu_B \times \tan\alpha_B - \sin\mu_A \times \tan\alpha_A)$

一、檢校經緯儀時採用之二次縱轉法，其主要的目的為何（5 分）？如何檢校（10 分）？
又若儀器有異常，如何處理？（5 分）

（106 普考－測量學概要#4）

參考題解

（一）目的：用以檢校經緯儀的視準軸誤差（視準軸不垂直於橫軸）。

（二）檢校步驟：

1. 如圖，將經緯儀整置於 B 點，正鏡照準使視線成水平之 A 點後，直接縱轉望遠鏡
   使視線水平，於牆上標記出十字絲中心對應之 C 點。

2. 倒鏡照準 A 點後，直接縱轉望遠鏡使視線水平，於牆上標記出十字絲中心對應之 D
   點。若 C、D 兩點重合，表示無視準軸誤差，則不必校正。

（三）若 C、D 兩點不重合，表示有視準軸誤差，則自 D 點量 $\dfrac{\overline{CD}}{4}$ 標出 E 點，接著按圖二先

調鬆上下十字絲校正螺絲後，再調左右校正螺絲，以先鬆後緊的方式移動十字絲對準
E 點。

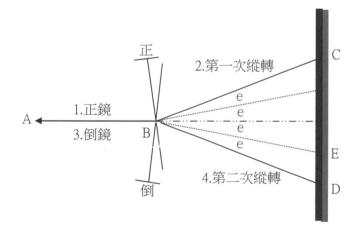

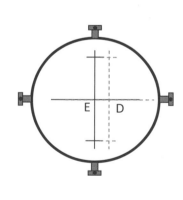

二、試繪圖說明在已知點架設全站儀利用輻射導線法（Radial Traversing）測定任意地面特徵點並計算其三維坐標之施測步驟與計算公式。（25 分）

（107 高考-測量學#2）

參考題解

如下圖，設 A、B 二點為已知點，其三維坐標分別為 (N_A, E_A, H_A) 和 (N_B, E_B, H_B)，則施測步驟與相關計算公式說明如下：

（一）於已知點 A 架設全站儀並量得儀器高 i 後，將水平度盤歸零並後視另一已知點 B。

（二）對地面特徵點 P 觀測得斜距 L、垂直角 α、水平角 β、稜鏡高 t。

（三）地面特徵點 P 之三維坐標計算如下：

    1. 由 A、B 兩點坐標計算方位角：

$$\phi_{AB} = \tan^{-1}(\frac{E_B - E_A}{N_B - N_A}) \quad （判斷象限）$$

    2. 計算測站 A 至地面特徵點 P 之方位角：

$$\phi_{AP} = \phi_{AB} + \beta$$

    3. 計算測站 A 至地面特徵點 P 之水平距離：

$$D = L \times \cos\alpha$$

    4. 計算地面特徵點 P 之平面坐標：

$$N_P = N_A + D \times \cos\phi_{AP}$$
$$E_P = E_A + D \times \sin\phi_{AP}$$

    5. 計算地面特徵點 P 之高程值：

$$H_P = H_A + L \times \sin\alpha + i - t$$

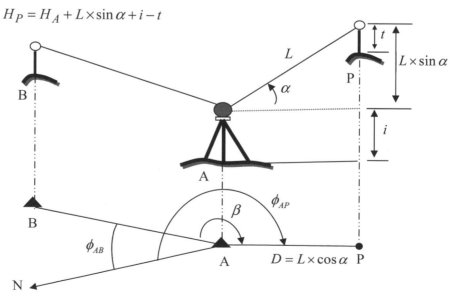

三、某地磁偏角（Magnetic declination）為 3°54'向西，而其標準（偏）差（Standard deviation）
為±17'。今於該地以一羅盤儀所測得某方向之磁方位角為 2°20'，而其標準（偏）差為±15'。
假設所有觀測量均不相關，請計算該方向之真方位角以及其標準（偏）差？（25 分）

（107 三等-平面測量與施工測量#1）

參考題解

真方位角 $\phi_{真}$ = 磁偏角 δ + 磁方位角 $\phi_{磁}$

$\qquad = -3°54' + 2°20' + 360° = 358°26'$

依誤差傳播和數定律得標準（偏）差如下：

$$\varphi_{真} = \pm\sqrt{(\pm17')^2 + (\pm15')^2} \approx \pm22.7'$$

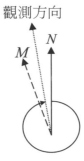

觀測方向

四、已知兩個平面控制點 A(X_A=167447.491 m, Y_A= 2535529.417 m)、B(X_B= 173600.168 m,
Y_B = 2540838.005 m)，今將全站儀架設於 B 點，觀測 A、C 兩點的水平角正鏡讀數分
別為 A 正 = 60°13'25"、C 正 = 251°47'24"，倒鏡讀數分別為 A 倒 = 240°13'13"、C 倒=
71°47'11"，則方向 $\overline{CB}$ 的方位角為多少？（20 分）

（108 三等-平面測量與施工測量#5）

參考題解

$\angle ABC = 191°33'59"$（如下表計算）

測站	測點	鏡位	讀　　數	正倒鏡平均值	角度值
B	A	正	60°13'25"	60°13'19"	191°33'59"
		倒	240°13'13"		
	C	正	251°47'24"	251°47'18"	
		倒	71°47'11"		

B 至 A 方向之方位角為：

$$\phi_{BA} = \tan^{-1}\frac{167447.491 - 173600.168}{2535529.417 - 2540838.005} + 180° = 229°12'43"$$

B 至 C 方向之方位角為：

$$\phi_{BC} = \phi_{BA} + \angle ABC = 229°12'43" + 191°33'59" - 360° = 60°46'42"$$

則 C 至 B 方向之方位角為：

$$\phi_{CB} = \phi_{BC} + 180° = 60°46'42" + 180° = 240°46'42"$$

五、繪圖並以文字說明磁偏角以及製圖角（或稱子午線收斂角）之定義及用途。（25 分）

（108 普考–測量學概要#1）

參考題解

（一）磁偏角

由於地球磁極和地球自轉軸南北極並不重合，因此過的地球表面上某點的磁子午線和真子午線也不重合，二者之間的夾角稱為磁偏角，如圖中的 δ 角。因此定義磁偏角為磁北與真北之間的夾角，若磁北在真北東側時稱為東偏，磁北在真北西側時稱為西偏，應用時定義東偏為正，西偏為負。

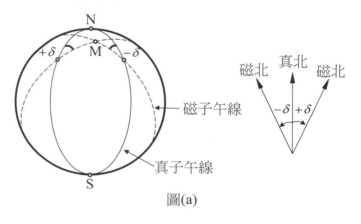

圖(a)

（二）製圖角

對各 TM 投影帶而言，離開投影帶中央子午線各點的坐標縱軸方向（坐標北）與其子午線方向並不重合，如圖(b)中的 γ 角便是分處中央子午線二側的製圖角。因此定義製圖角為坐標北與真北之間的夾角，若坐標北在真北東側稱為東偏，坐標北在真北西側稱為西偏，且定義東偏為正，西偏為負。

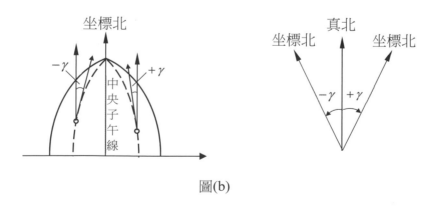

圖(b)

六、某全測站具備天頂距全圓周式之垂直角度盤，若其垂直角觀測誤差為 ± 5"。以該儀器
進行某方向線之垂直角觀測，正鏡讀數為 78°46'30"，倒鏡讀數為 281°13'25"，則：
（一）進行指標差改正後之垂直角（天頂距）為若干？（15 分）
（二）試分析指標差是否顯著？（10 分）

（108 普考-測量學概要#2）

參考題解

（一）指標差 $i = \dfrac{1}{2}(Z_1 + Z_2 - 360°) = \dfrac{1}{2}(78°46'30" + 281°13'25" - 360°) = -2.5"$

指標差改正後之天頂距 $= 78°46'30" + 2.5" = 78°46'32.5"$

指標差改正後之垂直角 $= 90° - 78°46'32.5" = +11°13'27.5"$

（二）指標差之中誤差為 $M_i = \pm\sqrt{(\dfrac{1}{2})^2 \times 5^2 + (\dfrac{1}{2})^2 \times 5^2} = \pm\dfrac{5"}{\sqrt{2}} = \pm3.5"$

若以二倍指標差中誤差為容許誤差，即 $2|M_i| = 7"$，則因 $|i| = 2.5" < 7"$，故指標差並不顯著。從另一個角度來看，垂直角觀測誤差值 ±5"，表示垂直角讀數的誤差量 ±5" 以內皆可以是為偶然誤差，本題每一個垂直角讀數的指標差值已小於垂直角觀測誤差，故指標差並不顯著。

七、請說明以全測站儀觀測水平角的定心、定平程序。（25 分）

（109 普考-測量學概要#1）

參考題解

一般全測站儀的定心、定平程序與經緯儀相同（不談有特殊定心定平設計之全測站儀，例如有求心桿設計或其他設計者），程序說明如下：

在將經緯儀置於腳架之架頂並以基座固定螺旋連結固定，並於測點上張開架腿撐出約為正三角形使架頂中心近乎對準測點且近似水平之後，接著按下列步驟架設經緯儀。

（一）概略定心：以移動腳架方式配合光學對點器進行概略定心。

（二）精確定心：調腳螺旋使光學對點器確實對好地面點位。

（三）概略定平：伸縮腳架方式使圓盒水準器氣泡中。

（四）精確定心：鬆開基座固定螺旋或鬆開平移制動鈕移動經緯儀，進行精確定心。

（五）精確定平：以半半改正方式使盤面水準管氣泡居中。

（六）檢查定心情形，若有些微偏移，則重複第五、六兩步驟，直至完全定心和定平。

八、請問何謂方向組法？以方向組法觀測水平角有何優點？又若以五測回的方向組法觀測水平角，其第一測回起始邊的方向值設定為 30°00'00''，則第五測回起始邊的方向值應為多少比較合適？請解釋您的答案。（25分）

（109普考-測量學概要#2）

參考題解

（一）所謂方向組法是當測站所欲觀測之方向為三個或三個以上時，從選定的起始邊開始依序以正鏡順時針倒鏡逆時針方式做多測回觀測，再計算出各方向的方向值，第一測回起始邊讀數應設定為 0°，此後各測回之起始邊應增加度盤 $\dfrac{180°}{測回數}$。

（二）1. 可以檢核是否觀測有誤。

2. 因採變換度盤重複觀測取平均方式觀測，可以消除度盤刻劃不均勻誤差。

3. 多測回觀測，故可以提高成果精度。

4. 採正倒鏡觀測取平均，故可以消除部分儀器誤差，如視準軸誤差、橫軸誤差、視準軸偏心誤差等。

（三）因方向組法起始邊每測回應增加之水平度盤讀數為 $\dfrac{180°}{測回數} = \dfrac{180°}{5} = 36°$，若第一測回起始邊的方向值設定為 30°00'00"，則第五測回起始邊的方向值應為：

$30°00'00" + 4 \times 36° = 174°00'00"$

九、已知 A 點高程為 15.372 m，現於 A 點整置天頂距式垂直度盤之經緯儀觀測 B 點之標尺，儀器高為 1.520 m，第一次觀測得標尺讀數為 2.362 m，天頂距正鏡讀數為 81°57'10"，倒鏡讀數為 278°03'10"，第二次觀測得標尺讀數為 0.835 m，天頂距正鏡讀數為 83°28'40"，倒鏡讀數為 276°31'40"，請問 AB 水平距離為何？B 點高程值？（20分）

（109四等-測量學概要#3）

參考題解

第一次觀測之天頂距計算如下：

$i = \dfrac{1}{2}(81°57'10" + 278°03'10" - 360°) = +10"$

$Z_1 = 81°57'10" - 10" = 81°57'00"$

第二次觀測之天頂距計算如下：

$$i = \frac{1}{2}(83°28'40'' + 276°31'40'' - 360°) = +10''$$

$$Z_1 = 83°28'40'' - 10'' = 83°28'30''$$

AB 水平距離 $S = \dfrac{2.362 - 0.835}{\cot 81°57'00'' - \cot 83°28'30''} = 56.444\ m$

B 點高程值 $H_B = 15.372 + 56.444 \times \cot 81°57'00'' + 1.520 - 2.362 = 22.513\ m$

$$H_B = 15.372 + 56.444 \times \cot 83°28'30'' + 1.520 - 0.835 = 22.513\ m\ （驗證）$$

十、於二維平面直角 (E, N) 坐標系統中二已知點 $A(100.00, 50.80)$、$B(480.00, 152.30)$，今使用一台全站儀設置測站於 A 點，後視 B 點將水平角度盤歸零，觀測 C 點水平角讀數為 $300°0'0''$；移置測站於 B 點，後視 A 點將水平角度盤歸零，觀測 C 點水平角讀數為 $65°0'0''$，試繪草圖及列出觀測方程式計算 C 點平面坐標 (E_C, N_C)。（25 分）

（110 高考-測量學#3）

參考題解

草圖如右圖，因無多餘觀測，故採一般解法。

$\angle CAB = 360° - 300°00'00'' = 60°00'00''$

$\angle ABC = 65°00'00''$

$\phi_{AB} = \tan^{-1} \dfrac{480.00 - 100.00}{152.30 - 50.80} = 75°02'42''$

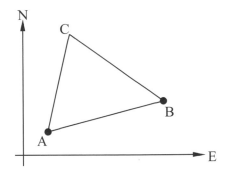

$\overline{AB} = \sqrt{(480.00 - 100.00)^2 + (152.30 - 50.80)^2} = 393.32m$

$\phi_{AC} = 75°02'42'' - 60° = 15°02'42''$

$\overline{AC} = 393.32 \times \dfrac{\sin 65°00'00''}{\sin(180° - 60°00'00'' - 65°00'00'')} = 435.17m$

$\Delta E_{AC} = 435.17 \times \sin 15°02'42'' = 112.96m$

$\Delta N_{AC} = 435.17 \times \cos 15°02'42'' = 420.25m$

$E_C = 100.00 + 112.96 = 212.96m$

$N_C = 50.80 + 420.25 = 471.05m$

【補充說明】

角度觀測方程式列法如下：

在 j 點設站對測點 i、k 觀測得水平角 θ_{ijk}，則其觀測方程式為：

$$\theta_{ijk} + V_{\theta_{ijk}} = \phi_{jk} - \phi_{ji} = \tan^{-1}\frac{E_k - E_j}{N_k - N_j} - \tan^{-1}\frac{E_i - E_j}{N_i - N_j}$$

例如題目中的 $\angle CAB$，則 $i = C$、$j = A$ 和 $k = B$。依據泰勒展開式得到上式線性化後的觀測方程式為：

$$v_{\theta_{ijk}} = \rho'' \cdot [\frac{\Delta E_{ji}^0}{(S_{ji}^0)^2} - \frac{\Delta E_{jk}^0}{(S_{jk}^0)^2}] \cdot \delta N_j - \rho'' \cdot [\frac{\Delta N_{ji}^0}{(S_{ji}^0)^2} - \frac{\Delta N_{jk}^0}{(S_{jk}^0)^2}] \cdot \delta E_j - \rho'' \cdot \frac{\Delta E_{ji}^0}{(S_{ji}^0)^2} \cdot \delta N_i$$

$$+ \rho'' \cdot \frac{\Delta N_{ji}^0}{(S_{ji}^0)^2} \cdot \delta E_i + \rho'' \cdot \frac{\Delta E_{jk}^0}{(S_{jk}^0)^2} \cdot \delta N_k - \rho'' \cdot \frac{\Delta N_{jk}^0}{(S_{jk}^0)^2} \cdot \delta E_k - (\theta - \theta^0)$$

利用上式必須先估算各點的坐標近似值 (E^0, N^0)，則各點正確坐標 (E, N) 應為：

$$N = 近似N坐標 + N坐標改正值 = N^0 + \delta N$$

$$E = 近似E坐標 + E坐標改正值 = E^0 + \delta E$$

再根據坐標近似值 (E^0, N^0) 計算上式中 ΔE^0、ΔN^0、S^0、θ^0 等數值後，再依序代入上式，即可得到觀測方程式。要解算的未知數為 δN 和 δE，若 i、j、k 中有已知點，則其對應項之 δN 和 δE 均設定為 0，可以簡化方程式。每一個角度觀測量都可以列出一個觀測方程式，然後依據 $[PVV] = \min$ 平差原理聯立解算各觀測方程式。估計坐標近似值之目的是可以減小計算過程的數值量，方便計算，當然也可以不給近似值直接計算坐標值。

十一、於二維區域直角（橫向、縱向）坐標系統中，已知二點 $A(E_A, N_A) = (200.000\,\text{m}, 50.000\,\text{m})$，$B(E_B, N_B) = (783.000\,\text{m}, 156.000\,\text{m})$，今使用一台全站儀（測距精度 $\pm(5\,\text{mm} + 3\,\text{ppm})$、測角精度 $\pm5''$），設置測站於 A 點，後視 B 點將水平角度盤歸零，順時鐘方向旋轉觀測 C 點稜鏡得到水平角為 $155°30'0''$、天頂距為 $95°15'0''$、傾斜距離為 $300.000\,\text{m}$，試求 C 點坐標 (E_C, N_C) 及其中誤差 (σ_E, σ_N)。（25 分）

（110 土技-工程測量#1）

參考題解

A 點至 B 點的方位角 $\phi_{AB} = \tan^{-1}\dfrac{783.000 - 200.000}{156.000 - 50.000} = 79°41'43''$

因 A、B 二點坐標沒給中誤差，視為真值，故 ϕ_{AB} 亦視為真值。

A 點至 C 點的方位角 $\phi_{AC} = \phi_{AB} + \theta = 79°41'43'' + 155°30'00'' = 235°11'43''$

依誤差傳播定律知，ϕ_{AC} 的中誤差等於水平角 θ 的測角精度 ±5''。

傾斜距離 L 的精度 $\sigma_L = \pm\sqrt{5^2 + (3\times10^{-6}\times3\times10^5)^2} = \pm5.1\ mm \approx \pm0.005\ m$

$$\Delta E = L\times\sin Z\times\sin\phi_{AC} = 300.000\times\sin 95°15'00''\times\sin 235°11'43'' = -245.297\ m$$

$$\frac{\partial\Delta E}{\partial L} = \sin Z\times\sin\phi_{AC} = \sin 95°15'00''\times\sin 235°11'43'' = -0.81766$$

$$\frac{\partial\Delta E}{\partial Z} = L\times\cos Z\times\sin\phi_{AC} = 300.000\times\cos 95°15'00''\times\sin 235°11'43'' = 22.540\ m$$

$$\frac{\partial\Delta E}{\partial\phi_{AC}} = L\times\sin Z\times\cos\phi_{AC} = 300.000\times\sin 95°15'00''\times\cos 235°11'43'' = -170.516\ m$$

$$\sigma_{\Delta E} = \pm\sqrt{(\frac{\partial\Delta E}{\partial L})^2\cdot\sigma_L^2 + (\frac{\partial\Delta E}{\partial Z})^2\cdot(\frac{\sigma_Z''}{\rho''})^2 + (\frac{\partial\Delta E}{\partial\phi_{AC}})^2\cdot(\frac{\sigma_{\phi_{AC}}''}{\rho''})^2}$$

$$= \pm\sqrt{(-0.81766)^2\cdot0.005^2 + (22.540)^2\cdot(\frac{5''}{\rho''})^2 + (-170.516)^2\cdot(\frac{5''}{\rho''})^2}$$

$$= \pm0.006\ m$$

$$\Delta N = L\times\sin Z\times\cos\phi_{AC} = 300.000\times\sin 95°15'00''\times\cos 235°11'43'' = -170.516\ m$$

$$\frac{\partial\Delta N}{\partial L} = \sin Z\times\cos\phi_{AC} = \sin 95°15'00''\times\cos 235°11'43'' = -0.56839$$

$$\frac{\partial\Delta E}{\partial Z} = L\times\cos Z\times\cos\phi_{AC} = 300.000\times\cos 95°15'00''\times\cos 235°11'43'' = 15.668\ m$$

$$\frac{\partial\Delta E}{\partial\phi_{AC}} = -L\times\sin Z\times\sin\phi_{AC} = -300.000\times\sin 95°15'00''\times\sin 235°11'43'' = 245.297\ m$$

$$\sigma_{\Delta N} = \pm\sqrt{(\frac{\partial\Delta N}{\partial L})^2\cdot\sigma_L^2 + (\frac{\partial\Delta N}{\partial Z})^2\cdot(\frac{\sigma_Z''}{\rho''})^2 + (\frac{\partial\Delta N}{\partial\phi_{AC}})^2\cdot(\frac{\sigma_{\phi_{AC}}''}{\rho''})^2}$$

$$= \pm\sqrt{(-0.56839)^2\cdot0.005^2 + (15.668)^2\cdot(\frac{5''}{\rho''})^2 + (245.297)^2\cdot(\frac{5''}{\rho''})^2}$$

$$= \pm0.007m$$

$$E_C = E_A + \Delta E = 200.000 - 245.297 = -45.297\ m$$

$$N_C = N_A + \Delta N = 50.000 - 170.516 = -120.516\ m$$

因 A、B 二點坐標視為真值，故 $\sigma_E = \sigma_{\Delta E} = \pm0.006\ m$，$\sigma_N = \sigma_{\Delta N} = \pm0.007\ m$。

十二、如下圖之四邊形，以同一台經緯儀觀測得水平角：$\theta_3 = 56°04'20''$、$\theta_4 = 42°50'02''$、$\theta_5 = 33°01'40''$、$\theta_6 = 48°04'30''$、$\theta_7 = 47°48'13''$、$\theta_8 = 51°05'25''$，試予平差及計算水平角 θ_1、θ_2 之值（改正至 0.1″）。（25 分）

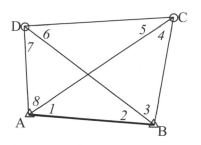

（110 土技-工程測量#3）

參考題解

本題為條件平差，超出命題範圍。

本題之 A、B 二點為已知點，C、D 二點為未知點，故多餘觀測數為 $6-4=2$。令各觀測水平角 $\theta_i (i=3,8)$ 之各改正數為 V_i，則得條件式為：

$$(\theta_3 + V_3) + (\theta_4 + V_4) + (\theta_5 + V_5) + (\theta_6 + V_6) - 180° = 0$$
$$(\theta_5 + V_5) + (\theta_6 + V_6) + (\theta_7 + V_7) + (\theta_8 + V_8) - 180° = 0$$

故得：$(56°04'20'' + V_3) + (42°50'02'' + V_4) + (33°01'40'' + V_5) + (48°04'30'' + V_6) - 180° = 0$

$\qquad (33°01'40'' + V_5) + (48°04'30'' + V_6) + (47°48'13'' + V_7) + (51°05'25'' + V_8) - 180° = 0$

整理得：$V_3 + V_4 + V_5 + V_6 + 32'' = 0$

$\qquad\quad V_5 + V_6 + V_7 + V_8 - 12'' = 0$

以矩陣 $A \cdot V + W = 0$ 形式表示：$\begin{bmatrix} 1 & 1 & 1 & 1 & 0 & 0 \\ 0 & 0 & 1 & 1 & 1 & 1 \end{bmatrix} \begin{bmatrix} V_3 \\ V_4 \\ V_5 \\ V_6 \\ V_7 \\ V_8 \end{bmatrix} + \begin{bmatrix} +32'' \\ -12'' \end{bmatrix} = 0$

因各水平角為等精度觀測，是為等權，即權矩陣為單位矩陣，則

$$N = A \cdot P^{-1} \cdot A^T = \begin{bmatrix} 1 & 1 & 1 & 1 & 0 & 0 \\ 0 & 0 & 1 & 1 & 1 & 1 \end{bmatrix} \begin{bmatrix} 1 & 0 & 0 & 0 & 0 & 0 \\ 0 & 1 & 0 & 0 & 0 & 0 \\ 0 & 0 & 1 & 0 & 0 & 0 \\ 0 & 0 & 0 & 1 & 0 & 0 \\ 0 & 0 & 0 & 0 & 1 & 0 \\ 0 & 0 & 0 & 0 & 0 & 1 \end{bmatrix} \begin{bmatrix} 1 & 0 \\ 1 & 0 \\ 1 & 1 \\ 1 & 1 \\ 0 & 1 \\ 0 & 1 \end{bmatrix} = \begin{bmatrix} 4 & 2 \\ 2 & 4 \end{bmatrix}$$

故得聯繫數法方程式 $N \cdot K + W = 0$ 為：$\begin{bmatrix} 4 & 2 \\ 2 & 4 \end{bmatrix} \cdot \begin{bmatrix} k_1 \\ k_2 \end{bmatrix} + \begin{bmatrix} +32'' \\ -12'' \end{bmatrix} = 0$

因 $K = -N \cdot W$ 解得：$\begin{bmatrix} k_1 \\ k_2 \end{bmatrix} = -\dfrac{1}{12} \begin{bmatrix} 4 & -2 \\ -2 & 4 \end{bmatrix} \cdot \begin{bmatrix} +32'' \\ -12'' \end{bmatrix} = \begin{bmatrix} -12.7'' \\ +9.3'' \end{bmatrix}$

因 $V = P^{-1} \cdot A^T \cdot K$ 且等權，故得 $\begin{bmatrix} V_3 \\ V_4 \\ V_5 \\ V_6 \\ V_7 \\ V_8 \end{bmatrix} = \begin{bmatrix} 1 & 0 & 0 & 0 & 0 & 0 \\ 0 & 1 & 0 & 0 & 0 & 0 \\ 0 & 0 & 1 & 0 & 0 & 0 \\ 0 & 0 & 0 & 1 & 0 & 0 \\ 0 & 0 & 0 & 0 & 1 & 0 \\ 0 & 0 & 0 & 0 & 0 & 1 \end{bmatrix} \begin{bmatrix} 1 & 0 \\ 1 & 0 \\ 1 & 1 \\ 1 & 1 \\ 0 & 1 \\ 0 & 1 \end{bmatrix} \cdot \begin{bmatrix} -12.7'' \\ +9.3'' \end{bmatrix} = \begin{bmatrix} -12.7'' \\ -12.7'' \\ -3.4'' \\ -3.4'' \\ +9.3'' \\ +9.3'' \end{bmatrix}$

平差後各水平角為：$\widetilde{\theta_3} = 56°04'20'' - 12.7'' = 56°04'07.3''$

$\widetilde{\theta_4} = 42°50'02'' - 12.7'' = 42°49'49.3''$

$\widetilde{\theta_5} = 33°01'40'' - 3.4'' = 33°01'36.6''$

$\widetilde{\theta_6} = 48°04'30'' - 3.4'' = 48°04'26.6''$

$\widetilde{\theta_7} = 47°48'13'' + 9.3'' = 47°48'22.3''$

$\widetilde{\theta_8} = 51°05'25'' + 9.3'' = 51°05'34.3''$

根據平差後各水平角，但因條件不足，無法個別計算出 θ_1 和 θ_2 之值。

十三、某人在點位 G_{01} 架設全測站經緯儀,以方向組法觀測點位 G_{21} 及 G_{66} 兩測回,全測站觀測紀錄表如下。

（一）請說明第二測回的起始正鏡讀數為何要設定為 $90°00'00''$。（5分）

（二）請計算出水平角 $\angle G_{21}G_{01}G_{66}$ 兩測回的平均值。（5分）

（三）請計算出點位 G_{66} 的高程值。（5分）

（四）請以表格內的數據為例,說明何謂指標差（Index Error）。（5分）

（五）請說明經緯儀結構上有那四條主軸,並說明何謂視準軸誤差（Collimation Error）。（5分）

測站A	觀點B		水平角讀數			水平角				天頂距讀數			斜距 SD 水平距 HD 高程 VD		測站高 H_A 高程差 ΔH 觀點高 H_B	
儀器高	稜鏡高		°	'	"	°	'	"		°	'	"	m		m	
G_{01}	G_{21}	正鏡	00	00	00				正鏡	94	00	02	SD	104 83	H_A	21 20
		倒鏡	179	59	59				倒鏡	266	00	14	HD	104 57	ΔH	
1.42	1.52	平均							平均				VD		H_B	
	G_{66}	正鏡	87	35	57				正鏡	82	36	34	SD	54 61	H_A	21 20
		倒鏡	267	36	14				倒鏡	277	23	30	HD	54 16	ΔH	
	1.50	平均							平均				VD		H_B	
G_{01}	G_{21}	正鏡	90	00	00				正鏡	94	00	07	SD		H_A	
		倒鏡	270	00	12				倒鏡	266	00	07	HD		ΔH	
1.45	1.40	平均							平均				VD		H_B	
	G_{66}	正鏡	177	36	29				正鏡	82	36	15	SD		H_A	
		倒鏡	357	36	10				倒鏡	277	23	35	HD		ΔH	
	1.55	平均							平均				VD		H_B	

（110 四等-測量學概要#4）

參考題解

（一）實施 n 測回方向組法時,規定第一測回之零（起始）方向正鏡的度盤讀數應為 $0°$,此後每測回零方向正鏡的度盤讀數應增加 $\dfrac{180°}{n}$,其目的是透過變換度盤讀數重複觀測的程序,減弱度盤刻劃不均勻誤差。由於是觀測二測回,故第二測回的起始正鏡讀數設定為 $90°00'00''$。

（二）水平角平均值計算如下表：

測站	測點	水平角讀數		正倒鏡平均值	水平角	平均值
G$_{01}$	G$_{21}$	正鏡	0°00′00″	0°00′00″	87°36′05″	87°36′10″
		倒鏡	179°59′59″			
	G$_{66}$	正鏡	87°35′57″	87°36′05″		
		倒鏡	267°36′14″			
G$_{01}$	G$_{21}$	正鏡	90°00′00″	90°00′06″	87°36′14″	
		倒鏡	270°00′12″			
	G$_{66}$	正鏡	177°36′29″	177°36′20″		
		倒鏡	357°36′10″			

（三）因 G$_{66}$ 第二測回之儀器高和稜鏡高與第一測回不同，且未測距離，故高程值計算：

$$指標差\ i = \frac{1}{2}(82°36′34″ + 277°23′30″ - 360°) = +2″$$

$$天頂距\ Z = 82°36′34″ - 2″ = 82°36′32″$$
$$H_{G_{66}} = 21.20 + 54.61 \times \cos 82°36′26″ + 1.42 - 1.50 = 28.15\ m$$

（四）因縱角度盤讀數指標與度盤之間有固定的對應關係，即當視線水平時正鏡的天頂距讀數應為 90°，否則實際讀數與 90° 的差值便是指標差。理論上指標差應為固定量，但因有大氣折光差、照準誤差和讀數誤差等影響，實際指標差值並非固定量，故下列本題各次觀測計算所得的指標差亦非固定量。

$$G_{21} 第一測回： i = \frac{1}{2}(94°00′02″ + 266°00′14″ - 360°) = +8″$$

$$G_{21} 第二測回： i = \frac{1}{2}(94°00′07″ + 266°00′07″ - 360°) = +7″$$

$$G_{66} 第一測回： i = \frac{1}{2}(82°36′34″ + 277°23′30″ - 360°) = +2″$$

$$G_{66} 第二測回： i = \frac{1}{2}(82°36′15″ + 277°23′35″ - 360°) = -5″$$

（五）經緯儀的四個主軸定義如下：

直立軸：經緯儀水平轉動所依據的軸線。

水準軸：通過水準管表面刻劃中心點的切線。

視準軸：望遠鏡之物鏡中心與十字絲中心的連線。

橫軸：望遠鏡上下縱轉所依據的軸線。

四個主軸之間應有的幾何關係為：水準軸應垂直於直立軸、視準軸應垂直於橫軸、橫軸應垂直於直立軸和直立軸應通過視準軸與橫軸的交點。所謂視準軸誤差是為視準軸不垂直於橫軸的軸系誤差。

5 間接距離及高程測量

Chapter 重點內容摘要

■ 三角高程測量：

1. 公式

$$V = S \times \tan\alpha = L \times \sin\alpha \quad (\text{或 } V = S \times \cot Z = L \times \cos Z)$$

$$\Delta h_{AB} = V + i - t = S \times \tan\alpha + i - t = S \times \cot Z + i - t$$

或 $\quad \Delta h_{AB} = V + i - t = L \times \sin\alpha + i - t = L \times \cos Z + i - t$

$$H_B = H_A + \Delta h_{AB}$$

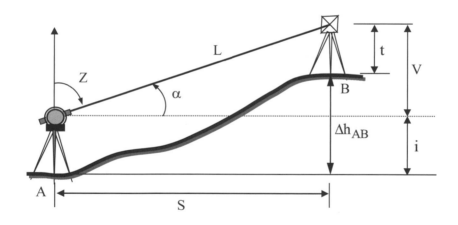

2. 誤差傳播式

$$M_{\Delta h_{AB}} = \pm\sqrt{(\frac{\partial \Delta h_{AB}}{\partial S})^2 \cdot M_S^2 + (\frac{\partial \Delta h_{AB}}{\partial \alpha})^2 \cdot (\frac{M''_\alpha}{\rho''})^2 + M_i^2 + M_t^2}$$

$$= \pm\sqrt{(\tan\alpha)^2 \cdot M_S^2 + (S \cdot \sec^2\alpha)^2 \cdot (\frac{M''_\alpha}{\rho''})^2 + M_i^2 + M_t^2}$$

$$M_{\Delta h_{AB}} = \pm\sqrt{(\frac{\partial \Delta h_{AB}}{\partial L})^2 \cdot M_L^2 + (\frac{\partial \Delta h_{AB}}{\partial \alpha})^2 \cdot (\frac{M''_\alpha}{\rho''})^2 + M_i^2 + M_t^2}$$

$$= \pm\sqrt{(\sin\alpha)^2 \cdot M_L^2 + (S \cdot \cos\alpha)^2 \cdot (\frac{M''_\alpha}{\rho''})^2 + M_i^2 + M_t^2}$$

$$M_{H_B} = \pm\sqrt{M_{H_A}^2 + M_{\Delta h_{AB}}^2}$$

....

■ 雙高法：

1. 公式

$$S = \frac{d}{\tan\alpha - \tan\beta}$$

$$V_1 = S \times \tan\alpha$$

$$V_2 = S \times \tan\beta$$

$$\Delta h_{AB} = V_1 + i - t_1 = S \cdot \tan\alpha + i - t_1$$

或 $\Delta h_{AB} = V_2 + i - t_2 = S \cdot \tan\beta + i - t_2$

$$H_B = H_A + \Delta h_{AB}$$

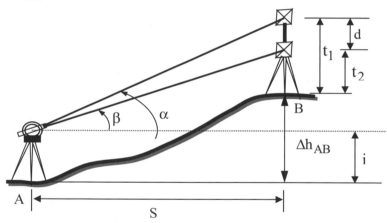

2. 誤差傳播式

$$M_S = \pm\sqrt{(\frac{\partial S}{\partial d})^2 \cdot M_d^2 + (\frac{\partial S}{\partial\alpha})^2 \cdot (\frac{M_\alpha''}{\rho''})^2 + (\frac{\partial S}{\partial\beta})^2 \cdot (\frac{M_\beta''}{\rho''})^2}$$

$$= \pm\sqrt{(\frac{1}{\tan\alpha - \tan\beta})^2 \cdot M_d^2 + (\frac{d \cdot \sec\alpha}{(\tan\alpha - \tan\beta)^2})^2 \cdot (\frac{M_\alpha''}{\rho''})^2 + (\frac{d \cdot \sec\beta}{(\tan\alpha - \tan\beta)^2})^2 \cdot (\frac{M_\beta''}{\rho''})^2}$$

$$= \pm\sqrt{(\frac{1}{\tan\alpha - \tan\beta})^2 \cdot M_d^2 + (\frac{S \cdot \sec\alpha}{\tan\alpha - \tan\beta})^2 \cdot (\frac{M_\alpha''}{\rho''})^2 + (\frac{S \cdot \sec\beta}{\tan\alpha - \tan\beta})^2 \cdot (\frac{M_\beta''}{\rho''})^2}$$

$$= \pm\sqrt{(\frac{S}{d})^2 \cdot M_d^2 + (\frac{S^2 \cdot \sec\alpha}{d})^2 \cdot (\frac{M_\alpha''}{\rho''})^2 + (\frac{S^2 \cdot \sec\beta}{d})^2 \cdot (\frac{M_\beta''}{\rho''})^2}$$

$$= \pm\frac{S}{d} \cdot \sqrt{M_d^2 + (S \cdot \sec\alpha)^2 \cdot (\frac{M_\alpha''}{\rho''})^2 + (S \cdot \sec\beta)^2 \cdot (\frac{M_\beta''}{\rho''})^2}$$

$$M_{\Delta h_{AB}} = \pm \sqrt{(\frac{\partial \Delta h_{AB}}{\partial S})^2 \cdot M_S^2 + (\frac{\partial \Delta h_{AB}}{\partial \alpha})^2 \cdot (\frac{M_\alpha''}{\rho''})^2 + M_i^2 + M_{t_1}^2}$$

$$= \pm \sqrt{(\tan \alpha)^2 \cdot M_S^2 + (S \cdot \sec^2 \alpha)^2 \cdot (\frac{M_\alpha''}{\rho''})^2 + M_i^2 + M_{t_1}^2}$$

$$M_{H_B} = \pm \sqrt{M_{H_A}^2 + M_{\Delta h_{AB}}^2}$$

■ 視距法：

1. 公式

   a = 上絲讀數 − 下絲讀數

   $S = (a \cdot k + C) \times \cos^2 \alpha$

   $V = \dfrac{1}{2}(a \cdot k + C) \times \sin 2\alpha$

   $\Delta h_{AB} = V + i - t$

   $H_B = H_A + \Delta h_{AB}$

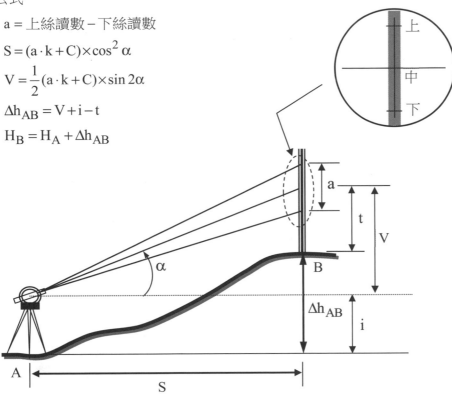

2. 誤差傳播式

   $M_a = \pm \sqrt{2} \cdot M_{讀數}$

$$M_S = \pm\sqrt{(\frac{\partial S}{\partial a})^2 \cdot M_a^2 + (\frac{\partial S}{\partial k})^2 \cdot M_k^2 + (\frac{\partial S}{\partial C})^2 \cdot M_C^2 + (\frac{\partial S}{\partial \alpha})^2 \cdot (\frac{M_\alpha''}{\rho''})^2}$$

$$= \pm\sqrt{(k \cdot \cos^2 \alpha)^2 \cdot M_a^2 + (a \cdot \cos^2 \alpha)^2 \cdot M_k^2 + (\cos^2 \alpha) \cdot M_C^2 + [-(a \cdot k + c) \cdot \sin 2\alpha]^2 \cdot (\frac{M_\alpha''}{\rho''})^2}$$

$$M_V = \pm\sqrt{(\frac{\partial V}{\partial a})^2 \cdot M_a^2 + (\frac{\partial V}{\partial k})^2 \cdot M_k^2 + (\frac{\partial V}{\partial C})^2 \cdot M_C^2 + (\frac{\partial V}{\partial \alpha})^2 \cdot (\frac{M_\alpha''}{\rho''})^2}$$

$$= \pm\sqrt{(\frac{1}{2}k \cdot \sin 2\alpha)^2 \cdot M_a^2 + (\frac{1}{2}a \cdot \sin 2\alpha)^2 \cdot M_k^2 + (\frac{1}{2}\sin 2\alpha) \cdot M_C^2 + [(a \cdot k + c) \cdot \cos 2\alpha]^2 \cdot (\frac{M_\alpha''}{\rho''})^2}$$

$$M_{\Delta h_{AB}} = \pm\sqrt{M_V^2 + M_i^2 + M_{t_1}^2}$$

$$M_{H_B} = \pm\sqrt{M_{H_A}^2 + M_{\Delta h_{AB}}^2}$$

若令 $k = 100$ ， $C = 0$ ，且 k、C 視為無誤，則上述各是可簡化成：

$$S = 100 \times a \times \cos^2 \alpha$$

$$V = 50 \times a \times \sin 2\alpha$$

$$M_S = \pm\sqrt{(100 \cdot \cos^2 \alpha)^2 \cdot M_a^2 + (-100 \cdot a \cdot \sin 2\alpha)^2 \cdot (\frac{M_\alpha''}{\rho''})^2}$$

$$M_V = \pm\sqrt{(50 \cdot \sin 2\alpha)^2 \cdot M_a^2 + (100 \cdot a \cdot \cos 2\alpha)^2 \cdot (\frac{M_\alpha''}{\rho''})^2}$$

■ 橫距尺法：

1. 公式

$$S = \frac{b}{2} \times \cot\frac{\theta}{2}$$

$$V = S \times \tan \alpha$$

$$\Delta h_{AB} = V + i - t = S \times \tan \alpha + i - t$$

$$H_B = H_A + \Delta h_{AB}$$

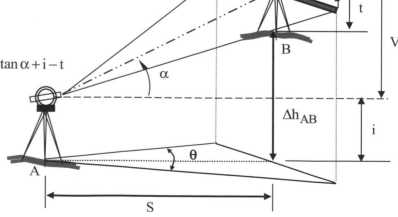

2. 誤差傳播式

$$M_S = \pm\sqrt{(\frac{\partial S}{\partial b})^2 \cdot M_b^2 + (\frac{\partial S}{\partial \theta})^2 \cdot (\frac{M_\theta''}{\rho''})^2}$$

$$= \pm\sqrt{(\frac{1}{2} \cdot \cot\frac{\theta}{2})^2 \cdot M_a^2 + (-\frac{1}{2} \cdot \frac{b}{2} \cdot \csc^2\frac{\theta}{2})^2 \cdot (\frac{M_\theta''}{\rho''})^2}$$

若取 $b = 2m$ ，則得：

$$M_S = \pm\sqrt{(\frac{1}{2} \cdot \cot\frac{\theta}{2})^2 \cdot M_a^2 + (-\frac{1}{2} \cdot \csc^2\frac{\theta}{2})^2 \cdot (\frac{M_\theta''}{\rho''})^2}$$

$$M_{\Delta h_{AB}} = \pm\sqrt{(\frac{\partial \Delta h_{AB}}{\partial S})^2 \cdot M_S^2 + (\frac{\partial \Delta h_{AB}}{\partial \alpha})^2 \cdot (\frac{M_\alpha''}{\rho''})^2 + M_i^2 + M_t^2}$$

$$= \pm\sqrt{(\tan\alpha)^2 \cdot M_S^2 + (S \cdot \sec^2\alpha)^2 \cdot (\frac{M_\alpha''}{\rho''})^2 + M_i^2 + M_t^2}$$

$$M_{H_B} = \pm\sqrt{M_{H_A}^2 + M_{\Delta h_{AB}}^2}$$

參考題解

一、高程測量可分直接高程測量與間接高程測量，試回答下列問題（每小題 10 分，共 20 分）

（一）以水準儀做直接高程測量，水平線與水準線有何差異？何種情況下可視為相同？

（二）以三角高程測量做間接高程測量，若距離（D）較長（超過 500 m）需做改正，試列式說明並繪圖表示地球曲率改正（h_C）與大氣折光改正（h_R）。（註：地球半徑為 R；大氣折光常數為 k）

（106 三等－平面測量與施工測量#3）

參考題解

（一）水平線是指水準儀觀測時，水準儀直立軸至觀測標尺的水平視線。

水準線是指水準測量所行經的路線。

若水準線為直線時，則水平線與水準線可視為相同。

（二）如下圖，於 A 點對 B 點實施三角高程測量，已知二點距離 D 超過 500m，觀測儀器高為 i，覘標高為 t 和垂直角 α。在考慮地球曲率改正（h_C）與大氣折光改正（h_R）之改正，則 A、B 兩點間的高程差計算如下式：

$$\Delta h_{AB} = D \times \tan \alpha + i - t + h_C + h_R = D \times \tan \alpha + i - t + \frac{D^2}{2R} - \frac{k \times D^2}{2R}$$

上式中的地球曲率改正值 $h_C = +\dfrac{D^2}{2R}$ 為正值，大氣折光改正值 $h_R = -\dfrac{k \times D^2}{2R}$ 為負值，其理由如下說明：

1. 由於三角高程測量之計算公式在推導過程中是假設水準面為水平面，使得兩點間計算所得的高程差較實際的高程差少，如圖示，因此必須加上一個「正」值的地球曲率改正量。

2. 由於三角高程測量之公式推導過程中是假設視線為直線，而實際視線因受大氣折光影響而向下偏折，使得兩點間計算所得的高程差較實際的高程差大，如圖示，因此必須加上一個「負」值的大氣折光改正量。

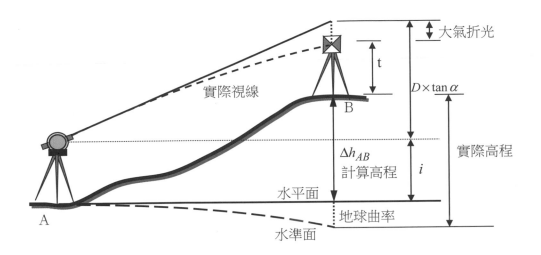

二、試繪圖及列出公式説明於已知 A 點（高程＝H_a）以全測站儀（Total Station）測量獲得未知 B 點高程（H_b）之原理，並列出其誤差來源。（25 分）

（107 普考-測量學概要#1）

參考題解

（一）原理說明

如下圖，於已知點 A 架設全測站儀並量得儀器高 i，於未知點 B 架設稜鏡並量得稜鏡高 t，全測站儀照準未知點稜鏡觀測得斜距 L、垂直角 α，則未知點 B 之高程值：

$$H_b = H_a + L \times \sin\alpha + i - t$$

（二）誤差來源

1. 已知點 A 高程值 H_a 的誤差。
2. 斜距 L 的觀測誤差。
3. 垂直角 α 的觀測誤差。
4. 儀器高 i 的量測誤差。
5. 稜鏡高 t 的量測誤差。

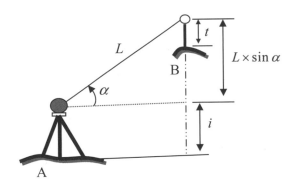

三、於二維平面直角坐標系統中，試繪圖說明由二個可通視的已知點中之一架設全站儀
　　（Total Station）利用光線法（導線法）測定新點之步驟與計算新點平面坐標之公式，
　　並分析距離誤差及角度誤差於新點平面坐標誤差之影響。（25分）

（107 普考-測量學概要#3）

參考題解

如圖(a)，設 A、B 二點為已知點，其三維坐標分別為 (N_A, E_A) 和 (N_B, E_B)，則施測步驟與相
關計算公式說明如下：

（一）於已知點 A 架設全站儀並將水平度盤歸零並後視另一已知點 B。

（二）對新點 P 觀測得斜距 L、垂直角 α 和水平角 β。

（三）新點 P 之平面坐標計算如下：

1. 由 A、B 兩點坐標計算方位角：$\phi_{AB} = \tan^{-1}(\dfrac{E_B - E_A}{N_B - N_A})$（判斷象限）

2. 計算測站 A 至地面特徵點 P 之方位角：$\phi_{AP} = \phi_{AB} + \theta$

3. 計算測站 A 至地面特徵點 P 之水平距離：$D = L \times \cos\alpha$

4. 計算地面特徵點 P 之平面坐標：$N_P = N_A + D \times \cos\phi_{AP}$

$$E_P = E_A + D \times \sin\phi_{AP}$$

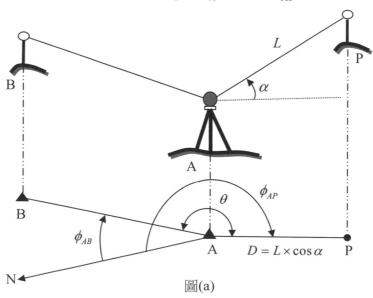

圖(a)

如圖(b)，距離誤差及角度誤差於新點平面坐標誤差之影響分析如下：

若假設觀測量 D 和 θ 皆無誤差，則新點的正確位置為 P，然距離誤差 ε_d 會造成點位的縱向偏移量，將 P 推移至 P′；角度誤差 ε_θ 會造成點位的橫向偏移量 ε_s，再將 P′ 推移至 P″。故點位誤差為 $\overline{PP''}$ 則為：

$$\overline{PP''} = \sqrt{\varepsilon_d^2 + \varepsilon_s^2}$$

式中 $\varepsilon_s = D \times \dfrac{\varepsilon_\theta}{\rho''}$。又圖(b)中的 $\delta = \tan^{-1}\dfrac{\varepsilon_d}{\varepsilon_s}$，故 $\phi_{PP''} = \phi_{AP} + \delta$，因此對新點平面坐標誤差之影響為：

$$\Delta_N = \overline{PP''} \times \cos \phi_{PP''}$$

$$\Delta_N = \overline{PP''} \times \sin \phi_{PP''}$$

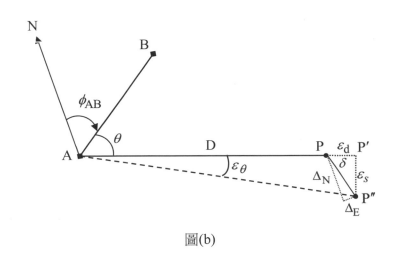

圖(b)

四、利用免稜鏡之全測站儀（Total Station）測量一垂直地面之高塔，在空曠處整置好儀器後，利用皮尺量得儀器高 i = 1.492 m ± 0.001 m，經觀測塔頂得斜距為 126.352 m ± 0.002 m、天頂距為 81°35′34″ ± 10″，觀測塔底得斜距為 125.004 m ± 0.002 m、天頂距為 90°43′24″ ± 10″，請計算該塔之高度及其中誤差？（註：觀測值±之意義為中誤差）（20 分）

（107 四等-測量學概要#2）

參考題解

（一）如下圖所示，塔高 H 計算如下：

$$H = L_1 \times \cos Z_1 - L_2 \times \cos Z_2$$
$$= 126.352 \times \cos 81°35′34″ - 125.004 \times \cos 90°43′24″$$
$$= 20.052m$$

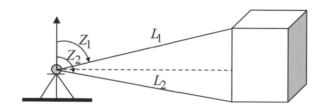

（二）塔高 H 之中誤差計算如下：

$$\frac{\partial H}{\partial L_1} = \cos Z_1 = \cos 81°35′34″ = 0.1462$$

$$\frac{\partial H}{\partial Z_1} = -L_1 \times \sin Z_1 = -126.352 \times \sin 81°35′34″ = -124.9942m$$

$$\frac{\partial H}{\partial L_2} = \cos Z_2 = \cos 90°43′24″ = -0.0126$$

$$\frac{\partial H}{\partial Z_2} = -L_2 \times \sin Z_2 = -125.004 \times \sin 90°43′24″ = -124.9940m$$

$$M_H = \pm\sqrt{(\frac{\partial H}{\partial L_1})^2 \cdot M_{L_1}^2 + (\frac{\partial H}{\partial Z_1})^2 \cdot (\frac{M_{Z_1}''}{\rho''})^2 + (\frac{\partial H}{\partial L_2})^2 \cdot M_{L_2}^2 + (\frac{\partial H}{\partial Z_2})^2 \cdot (\frac{M_{Z_2}''}{\rho''})^2}$$

$$= \pm\sqrt{0.1462^2 \times 0.002^2 + (-124.9942)^2 \times (\frac{10}{\rho})^2 + (-0.0126)^2 \times 0.002^2 + (-124.9940)^2 \times (\frac{10}{\rho})^2}$$

$$= \pm 0.009m$$

五、於 P 點對 Q 點進行三角高程測量，觀測量：天頂距為 89°00'00"± 20"，斜距為 60.000m ± 0.003m，稜鏡高為 1.500m ± 0.001m，儀器高為 1.600m ± 0.010m，並已知 $H_P = 10.000m ± 0.005m$，所有觀測量之間均不相關。

（一）試求 Q 點的高程值最或是值（H_Q）及其標準（偏）差？（15 分）

（二）另以水準測量後視 P 點及前視 Q 點，標尺讀數分別為 1.996 m 及 0.866 m，若標尺讀數誤差為 ± 0.001m，且無其它誤差來源，試求 Q 點的高程值最或是值及其標準（偏）差。（10 分）

(108 高考-測量學#1)

參考題解

（一）$H_Q = H_P + L \cdot \cos Z + i - t = 10.000 + 60.000 \times \cos 89°00'00" + 1.600 - 1.500 = 11.147m$

$\dfrac{\partial H_Q}{\partial H_P} = 1$

$\dfrac{\partial H_Q}{\partial L} = \cos Z = \cos 89°00'00" = 0.0174524$

$\dfrac{\partial H_Q}{\partial Z} = -L \times \sin Z = -60.000 \times \sin 89°00'00" = -59.99086m$

$\dfrac{\partial H_Q}{\partial i} = 1$

$\dfrac{\partial H_Q}{\partial t} = -1$

$M_{H_Q} = \pm\sqrt{(\dfrac{\partial H_Q}{\partial H_P})^2 \cdot M_{H_P}^2 + (\dfrac{\partial H_Q}{\partial L})^2 \cdot M_L^2 + (\dfrac{\partial H_Q}{\partial Z})^2 \cdot (\dfrac{M_Z''}{\rho''})^2 + (\dfrac{\partial H_Q}{\partial i})^2 \cdot M_i^2 + (\dfrac{\partial H_Q}{\partial t})^2 \cdot M_t^2}$

$= \pm\sqrt{0.005^2 + 0.0174524^2 \times 0.003^2 + (-59.99086)^2 \times (\dfrac{20''}{\rho''})^2 + 0.010^2 + 0.001^2}$

$= \pm 0.013m$

（二）$H_Q = H_P + b - f = 10.000 + 1.996 - 0.866 = 11.130m$

$\dfrac{\partial H_Q}{\partial H_P} = 1 \qquad \dfrac{\partial H_Q}{\partial b} = 1 \qquad \dfrac{\partial H_Q}{\partial f} = -1$

$M_{H_Q} = \pm\sqrt{(\dfrac{\partial H_Q}{\partial H_P})^2 \cdot M_{H_P}^2 + (\dfrac{\partial H_Q}{\partial b})^2 \cdot M_b^2 + (\dfrac{\partial H_Q}{\partial f})^2 \cdot M_f^2}$

$= \pm\sqrt{0.005^2 + 0.001^2 + 0.001^2}$

$= \pm 0.005m$

六、擺置經緯儀於大樓一樓頂之測點 B,測得儀器高為 1.55 m,觀測置於地面點 A 之標尺,
測得二俯角 61°45′00″、62°15′00″對應之標尺讀數分別為 2.18 m、0.58 m。另於大樓二
樓頂之測點 C 置一標尺,測得二仰角 45°30′00″、44°45′00″,其對應之標尺讀數分別為
2.08 m、1.55 m,如下圖。試求大樓一及大樓二之樓高。(25 分)

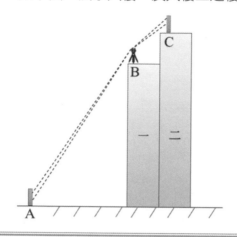

(109 三等-平面測量與施工測量#3)

參考題解

點 B 至點 A 之高程差計算如下:

$$AB \text{ 水平距離 } S_1 = \frac{2.18 - 0.58}{\tan(-61°45′00″) - \tan(-62°15′00″)} = 40.407 \ m$$

$$\Delta h_{BA} = 40.407 \times \tan(-61°45′00″) + 1.55 - 2.18 = -75.831 \ m$$

$$\Delta h_{BA} = 40.407 \times \tan(-62°15′00″) + 1.55 - 0.58 = -75.831 \ m \text{ (驗證)}$$

點 B 至點 C 之高程差計算如下:

$$BC \text{ 水平距離 } S_2 = \frac{2.08 - 1.55}{\tan(45°30′00″) - \tan(44°45′00″)} = 20.155 \ m$$

$$\Delta h_{BC} = 20.155 \times \tan(45°30′00″) + 1.55 - 2.08 = 19.980 \ m$$

$$\Delta h_{BC} = 20.155 \times \tan(44°45′00″) + 1.55 - 1.55 = 19.980 \ m \text{ (驗證)}$$

大樓一之樓高為 $\Delta h_{AB} = 75.831 \ m$

大樓二之樓高為 $\Delta h_{AB} + \Delta h_{BC} = 75.831 + 19.980 = 95.811 \ m$

七、在高程測量中常用到地球表面、大地水準面及橢球面，請解釋三者之意義及其特性，
　　並說明此三面與高程之關係。（20 分）

（109 四等－測量學概要#1）

參考題解

（一）地球表面：地球真實高低起伏的地形面。

　　特性：非常不規則且隨時在變化，無法以任何規則的數學予以描述。

（二）大地水準面：地球表面約有 70% 是海洋，因此假想地球表面是一個靜止的海洋面（即
　　物理上的等位面），並把此海洋面向大陸延伸，就好像整個地球表面是一個被靜止海水
　　面所包圍的封閉曲面，這個比真實地球表面較為光滑且較具規則性的曲面，稱之為大
　　地水準面，其包圍的空間稱為大地體，是地球形狀的第一近似體。

　　特性：

　　1. 大地水準面是在重力作用下而達到平衡的物理面，由於地球內部質量分佈的不均勻
　　　　性，造成大地水準面是具有不規則起伏的幾何曲面。

　　2. 無法以簡單的數學式來表達具不規則性的大地水準面。

　　3. 在大地水準面上計算點位的位置是非常複雜且困難的。

　　4. 無法作相鄰點位之間的坐標推算。

（三）橢球面：經由大地測量的研究發現，具有對稱性規則形狀的橢球體非常接近地球形狀，
　　可用以表示地球形狀，是為地球的第二近似體，橢球體的表面即為橢球面。

　　特性：

　　1. 可以用嚴密的數學公式來表達橢球面。

　　2. 以橢球面代替大地水準面，作為測量計算平面位置和製圖的基準面。

（四）如下圖，地球表面、大地水準面及橢球面三者與高程之關係說明如下：

　　地球表面任一點沿其垂線到大地水準面的垂直距離稱為正高（H）。地球表面任一點沿
　　其法線到橢球面的垂直距離稱為橢球高或幾何高（h）。大地水準面到橢球面的垂直距
　　離稱為大地起伏（N）。橢球高和正高之關係為：$h = H + N$。

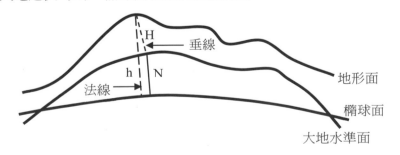

Chapter 6 導線測量
重點內容摘要

■ 導線依其形狀可分為三種：

1. **閉合導線：** 由一已知點出發，最終閉合回同一已知點的多邊形導線。由於必須要有起始方位角，因此出發之已知點必須與其它已知點聯測，如下圖。

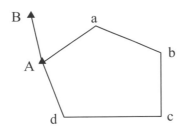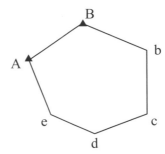

2. **附合導線：** 由一已知點出發，終止於另一已知點之連續折線。由於必須要有起始和終止方位角，因此出發和終止之已知點都必須與其它已知點聯測，如下圖。

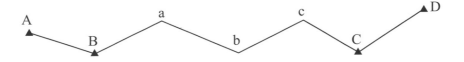

3. **展開導線：** 由一已知點出發，既不終止於另一已知點，亦不回原來已知點之連續折線。由於必須要有起始方位角，因此出發之已知點必須與其它已知點聯測，如下圖。

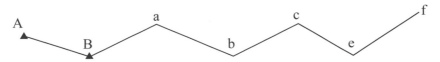

■ 閉合導線之閉合差計算公式：如下圖。

1. 角度不符值：$f_w = [\beta] - \begin{cases} (n+2) \times 180° & （外折） \\ (n-2) \times 180° & （內折角） \\ \pm 360° & （偏角） \end{cases}$

2. N 坐標不符值：$W_N = [\Delta N] = [S \times \cos\phi]$

3. E 坐標不符值：$W_E = [\Delta E] = [S \times \sin\phi]$

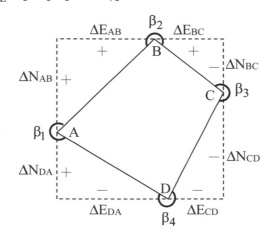

■ 附合導線之閉合差計算公式：如下圖。

1. 角度不符值：$f_w = $ 推算之 $\phi_{CD} - $ 已知之 $\phi_{CD} = \phi_{AB} + [\beta] - \phi_{CD} - n \times 180°$

2. N 坐標不符值：$W_N = [\Delta N] - (N_{終點} - N_{起點}) = [\Delta N] - (N_C - N_B)$

3. E 坐標不符值：$W_E = [\Delta E] - (E_{終點} - E_{起點}) = [\Delta E] - (E_C - E_D)$

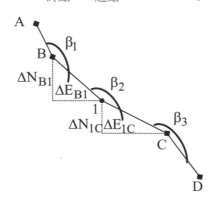

■ 測角精度與量距精度相配合之意義與計算公式：

1. 意義：希望因測角誤差所產生的定位橫向偏移誤差量$\overline{P'P''}$，應等於因量距誤差所產生的定位縱向偏移誤差量$\overline{PP'}$。

2. 測角與測距精度應滿足關係式為：$\dfrac{\varepsilon_\theta''}{\rho''}=\dfrac{\varepsilon_d}{D}$

    式中ε_θ''為測角精度，ε_d為測距誤差，$\dfrac{\varepsilon_d}{D}$為測距之相對精度。

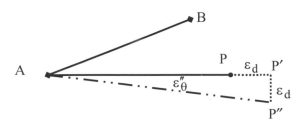

■ 縱橫距閉合差配賦改正方法：

1. **羅盤儀法則**（**compass rule**）：依各縱橫距對應之導線邊長佔整條導線總長度之比例，分配縱橫距閉合差改正值，適用於測角精度與量距精度相當情況。

$$\delta_{N_{ij}}=-\frac{S_{ij}}{[S]}\times W_N \quad ; \quad \delta_{E_{ij}}=-\frac{S_{ij}}{[S]}\times W_E$$

2. **經緯儀法則**（**transit rule**）：依各縱橫距值絕對值佔整條導線縱橫距值絕對值總合之比例，分配縱橫距閉合差改正值，適用於測角精度優於量距精度情況。當測角精度明顯優於量距精度時，可認定縱橫距閉合差主要係由測距誤差造成。

$$\delta_{N_{ij}}=-\frac{\left|\Delta N_{ij}\right|}{[\left|\Delta N_{ij}\right|]}\times W_N \quad ; \quad \delta_{E_{ij}}=-\frac{\left|\Delta E_{ij}\right|}{[\left|\Delta E_{ij}\right|]}\times W_E$$

參考題解

一、試述工程控制網有那幾種控制網？各控制網主要目的為何？（25分）

（106 土技-工程測量#2）

參考題解

工程建設的各個階段都需要佈設測量控制網，但各階段所佈設的控制網都有其特定的目的。在勘測階段所佈設的控制網主要是為了測繪大比例尺的地形圖為目的，有時也用於測定地質資料收集時的鑽孔位置，稱為**測圖控制網**，是拓展圖根控制和進行測圖的基礎；施工階段所佈設的控制網主要是為了施工放樣提供控制，稱為**施工控制網**，不僅要求有足夠的密度，還要求有足夠的精度，以滿足施工放樣的需求；營運階段所佈設的控制網主要是為了監測結構體的變形（水平位移、沉降或傾斜），稱為**變形監測網**，由於結構體的變形量小，因此要求有較高的精度外，也要求點位的穩定性，以利長期觀測。這三個控制網的測量工作，由於需求的時間有先有後、規模有大有小、形式和精度的要求也不同，很難一次佈設就滿足所有的需求，一般使採分別布網的方式。

測圖控制網的點位的選擇是根據地形條件確定的，不會考慮建築物的整體佈置，因此在點位的分佈和密度上，都不能滿足施工放樣的要求。從測量精度的觀點來說，測圖控制網的精度是按測圖比例尺的大小確定的，而施工控制網的精度要求是根據工程建設的性質來決定的，一般都高於測圖控制網。施工控制網的佈設考量需要滿足放樣的方便性。因此，測圖控制網大都不能滿足施工放樣的要求，必須另行建立施工控制網。

建築結構物在施工過程及營運階段都會發生幾何變形，為能了解發生變形的原因、變形量的大小、危險性的評估等，必須對建築結構物上的某些點位進行長期重複觀測。因此，變形監測網的建立需考慮建立穩定的基準點和靠近建築結構體的監測點二種網的組成。一般變形監測網的精度要求較測圖控制網高許多，網形的佈設方式與測圖控制網和施工控制網不同，因此可能無法完全直接引用測圖控制網或施工控制網，必須另行建立。

從上述中可能會有『工程建設三個階段的控制網並非互不相干的』的誤解，實際上它們之間是具有很大的相關性：

（一）們都屬於同一個坐標系統，佈設時常常採用相同的坐標起算點。

（二）某些前階段的測量控制點，果位置或精度適當的話，也常常會被納入到下一階段的測量控制網中，若控制網的大小及精度規劃適當的話，有時是可以採用同一個控制網，此時後面階段的控制網僅僅是對前面階段控制網的複測而已。

（三）在測區的範圍確定和次量控制點的點位佈設上，後一階段的測量控制網均可用前一階
　　段的測量控制網做為參考，進行適當的控制網最佳化設計。

二、下列為一 6 個導線點之閉合導線折角測量紀錄，$\beta_1 = 268°51'35''$，$\beta_2 = 219°47'20''$，
　　$\beta_3 = 239°08'30''$，$\beta_4 = 264°18'25''$，$\beta_5 = 216°42'50''$，$\beta_6 = 231°12'05''$。（每小題 10 分，
　　共 20 分）

　　（一）計算此導線各角之改正值與此測角誤差相當之量距精度。

　　（二）若已知點 1 與點 2 之折線方位角 $\phi_{12} = 79°32'45''$，計算其他折線之方位角。

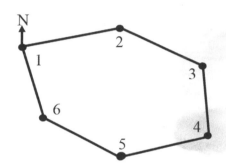

（106 三等-平面測量與施工測量#2）

參考題解

（一）由圖示和角度值大小可以判斷此導線是觀測外折角，則角度閉合差為：

$$f_w = (268°51'35'' + 219°47'20'' + 239°08'30'' + 264°18'25'' + 216°42'50'' + 231°12'05'') - (6+2)\times 180°$$
$$= +45''$$

因導線各角之測角精度相當，故改正值採平均分配，則 $v = -\dfrac{45''}{6} = -7''\cdots$ 餘 $3''$，因此實

際上應採用三個角的改正值為 $-7''$，三個角的改正值為 $-8''$。

若以個角改正數為 $v = -\dfrac{45''}{6} = -7.5''$，則測角精度為：

$$m = \pm\sqrt{\frac{[vv]}{n(n-1)}} = \pm\sqrt{\frac{6\times(7.5'')^2}{6(6-1)}} = \pm 3.4''$$

與此測角誤差相當之量距精度為 $\dfrac{3.4''}{\rho''} = \dfrac{1}{61496}$

（二）各折線之方位角以表格計算如下表，得：

點 2 與點 3 之折線方位角 $\phi_{23} = 118°19'58''$

點 3 與點 4 之折線方位角 $\phi_{34} = 177°28'20''$

點 4 與點 5 之折線方位角 $\phi_{45} = 261°46'38''$

點 5 與點 6 之折線方位角 $\phi_{56} = 298°29'20''$

點 6 與點 1 之折線方位角 $\phi_{61} = 349°41'18''$

點號	折角 β	改正值	改正後折角	方位角 φ
1				78-32-45
2	219-47-20	-7	219-47-13	
				118-19-58
3	239-08-30	-8	239-08-22	
				177-28-20
4	264-18-25	-7	264-18-18	
				261-46-38
5	216-42-50	-8	216-42-42	
				298-29-20
6	231-12-05	-7	231-11-58	
				349-41-18
1	268-51-35	-8	268-51-27	
2				78-32-45

三、在一個導線網中，採用測角以及測距來計算網中各點位置，假設僅考慮儀器之隨機觀
　　測誤差，請說明有那些因素會影響測量成果品質？（25分）

參考題解

在導線網中，儀器之隨機觀測誤差是反映在角度和距離二個觀測量中，茲以經緯儀和相位式
電子測距儀為測角及測距的儀器來說明會影響測量成果品質的因素：

（一）經緯儀的儀器誤差對角度觀測量的影響因素

1. 水準軸誤差：即水準軸不垂直於直立軸，會造成定平誤差從而導致直立軸誤差，並
對不同方向或不同垂直角的測點的水平角觀測量會造成不同程度的誤差，且此誤差
量無法消除，必須實施半半改正。

2. 縱十字絲偏斜誤差：即縱十字絲未呈垂直狀態，會同時形成視準軸誤差和視準軸偏
心誤差，從而造成水平角觀測量的誤差。

3. 視準軸誤差：即視準軸不垂直於橫軸，會對不同垂直角的測點的水平角觀測量產生
不同的誤差量。此誤差可藉由正倒鏡觀測而消除。

4. 橫軸誤差：即橫軸不垂直於直立軸，會對不同垂直角的測點的水平角觀測量產生不
同的誤差量。此誤差可藉由正倒鏡觀測而消除。

5. 光學垂準器誤差：即垂準器十字絲中心未位於直立軸之上，會造成類似測站偏心觀
測的影響，對水平角觀測量造成的誤差量與測點距離成反比。此誤差無法消除，必
須進行光學垂準器檢校。

6. 視準軸偏心誤差：即直立軸未通過視準軸與橫軸的交點，相當於視準軸並非位於直
立軸之上進行觀測，造成觀測得到的水平角並非測站與二測點之間正確的水平角。
此誤差可藉由正倒鏡觀測而消除。

7. 水平度盤偏心誤差：即直立軸未通過水平度盤的圓心。由於水平度盤上不同刻劃間
的角度值是為度盤的圓心角，若直立軸未通過度盤的圓心，則不同測線之間的實際
水平角便不等於其不同水平度盤讀數所對應度盤圓心角。此誤差可藉由正倒鏡觀測
而消除。

8. 水平度盤刻劃不均勻誤差：包含週期性誤差和刻劃偶然誤差二種。度盤全圓周之角
度為常數360°，又度盤刻劃間格數也是固定的，所以若有刻劃間格過大（正誤差）
必有刻劃間格被壓縮（負誤差），稱為週期誤差。偶然誤差則為不可避免的刻劃誤
差。欲降低此誤差對水平角觀測量的影響，必須採用變換度盤重複觀測取平均值的
方式。

（二）電子測距儀的儀器誤差的儀器誤差對距離觀測量的影響因素

1. 儀器加常數誤差：因電子測距儀電磁波發射中心及稜鏡的反射中心均與其對應的地面點位不在同一垂線上，導致實測距離與地面點位間的實際距離存在常差，稱為儀器加常數。此誤差量必須事先率定在對距離觀測量進行改正。

2. 測相誤差：即相位量測誤差，包括測相系統的誤差和幅相誤差。
   測相系統的誤差主要與相位計的靈敏度、大氣擾動及接收訊號的強度等因素有關，必須提高整個儀器設計的品質來降低此項誤差。幅相誤差是由於接收到的光波訊號強弱不同所引起的測相誤差，此誤差可以透過自動光圈將接收訊號的強度控制在一定的範圍內。測相誤差為偶然誤差，故測距儀所顯示的距離值都是經多次觀測的平均值，藉此減弱測相誤差。

3. 頻率誤差：因測距儀的調制頻率有了變化，造成測得的距離與實際距離之間產生了尺度問題。為確認頻率的穩定，雖在儀器設有恆溫器，但仍須定期檢頻率。

4. 週期誤差：即在實際測量過程中嘎設和接收的光波訊號與相位量測裝置電子訊號之間的相互干擾所造成的相位誤差。此誤差將隨所測距離而呈週期性變化，變化的週期等於測尺長度（即半波長）。

四、某人進行如下圖之角度觀測，觀測數據如表所示，並已知 BC 方向之方位角為 118.93°，請進行必要的誤差改正，並計算改正後 DE 方向之方位角。（25 分）

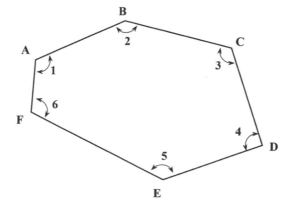

角度	觀測值
1	125.35°
2	133.26°
3	118.63°
4	92.38°
5	120.98°
6	129.50°

（107 土技-工程測量#3）

參考題解

角度閉合差 $f_w = \angle1 + \angle2 + \angle3 + \angle4 + \angle5 + \angle6 - (6-2) \times 180° = 720.1° - 720° = 0.1° = 6'$

誤差改正後各內角為：

$$\angle1' = \angle1 - \frac{f_w}{6} = 125.35° - \frac{0.1°}{6} = 125°20'00''$$

$$\angle2' = \angle2 - \frac{f_w}{6} = 133.26° - \frac{0.1°}{6} = 133°14'36''$$

$$\angle3' = \angle3 - \frac{f_w}{6} = 118.63° - \frac{0.1°}{6} = 118°36'48''$$

$$\angle4' = \angle4 - \frac{f_w}{6} = 92.38° - \frac{0.1°}{6} = 92°21'48''$$

$$\angle5' = \angle5 - \frac{f_w}{6} = 120.98° - \frac{0.1°}{6} = 120°57'48''$$

$$\angle6' = \angle6 - \frac{f_w}{6} = 129.50° - \frac{0.1°}{6} = 129°29'00''$$

已知 BC 方向之方位角為 $118.93° = 118°55'48''$，則

$$\phi_{CD} = \phi_{BC} + (180° - \angle3') = 118°55'48'' + (180° - 118°36'48'') = 180°19'00''$$

$$\phi_{DE} = \phi_{CD} + (180° - \angle4') = 180°19'00'' + (180° - 92°21'48'') = 267°57'12''$$

$$\phi_{EF} = \phi_{DE} + (180° - \angle5') = 267°57'12'' + (180° - 120°57'48'') = 326°59'24''$$

$$\phi_{FA} = \phi_{EF} + (180° - \angle6') = 326°59'24'' + (180° - 129°29'00'') - 360° = 17°30'24''$$

$$\phi_{AB} = \phi_{FA} + (180° - \angle1') = 17°30'24'' + (180° - 125°20'00'') = 72°10'24''$$

$$\phi_{BC} = \phi_{AB} + (180° - \angle2') = 72°10'24'' + (180° - 133°14'36'') = 118°55'48'' \quad（驗證）$$

改正後 DE 方向之方位角為 $267°57'12''$。

五、假設一全測站之角度觀測誤差為±20"，測距誤差為±50 ppm。

（一）此儀器測角精度較高還是測距精度較高？（15 分）

（二）以此設備進行多邊形閉合之導線測量，若僅考量測角及測距誤差，則評估此種儀器觀測品質是否可滿足導線精度比小於 1/10000 ？（15 分）

（107 三等-平面測量與施工測量#2）

參考題解

（一）依測角精度與量距精度相配合之關係式得知：

$$\frac{20''}{206265''} = \frac{1}{10313.25} < 50 ppm = 50 \times 10^{-6} = \frac{1}{20000}$$

故測距精度較高。

（二）僅就導線的第一個邊而言，假設邊長為 S，則因測角誤差的橫向偏移量為：

$$d_{橫} = S \times \frac{M''_\theta}{\rho''} = S \times \frac{\pm 20''}{206265''} = \pm \frac{S}{10313.25}$$

因量距誤差造成的縱向偏移量分別為：

$$d_{縱向} = S \times (\pm 50 ppm) = \pm \frac{S}{20000}$$

則點位偏差量 $W_S = \sqrt{d^2_{橫向} + d^2_{縱向}} = \pm \sqrt{(\pm \frac{S}{10313.25})^2 + (\pm \frac{S}{20000})^2} = \pm \frac{S}{9166.31}$

導線精度比 $= \frac{W_S}{S} = \frac{1}{9166.31}$

僅就一個導線邊而言，其導線精度比已經低於 $\frac{1}{10000}$，所以對於多邊形的閉合導線而言，若再累積各邊的誤差影響，整個導線的精度更不可能高於 $\frac{1}{10000}$。

六、有一導線如圖所示，已知 AB 邊之方位角為φ_{AB} = 107°06'10"，觀測得內角分別為 ∠A = 89°34'13"、∠B = 116°42'43"、∠C=83°37'19"、∠D = 116°50'54"、∠E = 133°14'16"，距離分別為 AB = 27.671 m、BC = 27.288 m、CD = 24.962 m、DE = 22.365 m、EA = 17.852 m，請計算該閉合導線之導線精度（導線閉合比數）。（20 分）

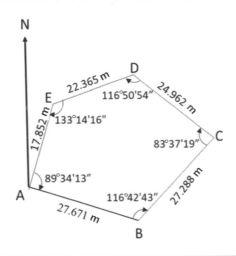

（109 四等-測量學概要#4）

參考題解

點號	折角 β	方位角 φ	邊長 S（m）	ΔN＝S×cosφ +	ΔN＝S×cosφ −	ΔE＝S×sinφ +	ΔE＝S×sinφ −
A		107-06-10	27.671		8.138	26.447	
B	+7 116-42-43	43-49-00	27.288	19.690		18.893	
C	+7 83-37-19	307-26-26	24.962	15.175			19.819
D	+7 116-50-54	244-17-27	22.365		9.702		20.151
E	+7 133-14-16	197-31-50	17.852		17.023		5.377
A	+7 89-34-13	107-06-10					
B							
[539-59-25]			[120.138]	[34.865]	[34.863]	[45.340]	[45.347]

角度閉合差 f_w = 539°59′25″ − (5 − 2)×180° = −35″

$$角度改正值 = -\frac{-35''}{5} = +7''$$

$$W_N = 34.865 - 34.863 = 0.002m$$

$$W_E = 45.340 - 45.347 = -0.007m$$

$$W_S = \sqrt{0.002^2 + 0.007^2} = 0.007m$$

$$閉合比數 = \frac{0.007}{120.138} = \frac{1}{17163}$$

七、如示意圖所示，AE 間為茂密樹林無法通視，應用開放導線分別於 A、B、C、D 及 E 設站觀測導線之水平距離與右旋角如下表。若已知測站 A 點平面坐標 $(E_A, N_A) = (5000.00, 5000.00)$ 且後視 A→N 之方位角為 $5°11'40''$，試計算 E 點平面坐標 (E_E, N_E) 及 A→E 方位角。（25 分）

測站	水平距離（m）	右旋角	示意圖
A		115°18'20''	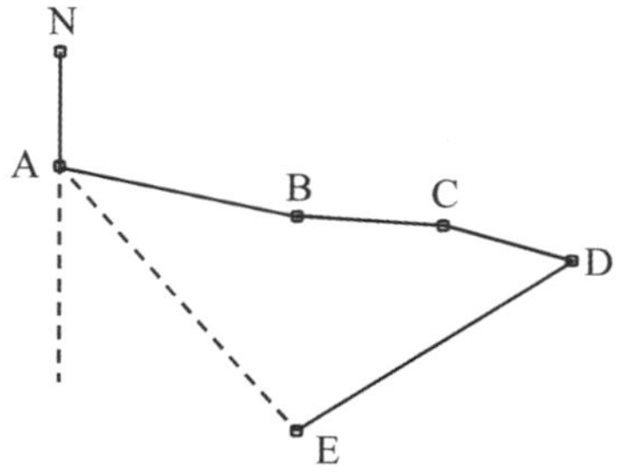
	1,007.60		
B		161°24'10''	
	567.66		
C		204°50'5''	
	582.24		
D		273°46'40''	
	1,829.36		
E			

（110 普考-測量學概要#3）

參考題解

A→N 方位角 $= 5°11'40'' + 180° = 185°11'40''$

經下表導線計算得 E 點坐標為 $(E_E, N_E) = (5701.78, 2632.51)$

A→E 方位角為 $= \tan^{-1}\frac{5701.78 - 5000.00}{2632.51 - 5000.00} + 180° = 163°29'20''$

點名	折角	方位角	距離	ΔE	ΔN	E	N
N		185°11′40″					
A	115°18′20″					5000.00	5000.00
		120°30′00″	1,007.60	+868.18	-511.40		
B	161°24′10″					5868.18	4488.60
		101°54′10″	567.66	+555.45	-117.08		
C	204°50′05″					6423.63	4371.52
		126°44′15″	582.24	+466.60	-348.27		
D	273°46′40″					6890.23	4023.25
		220°30′55″	1,829.36	-1188.45	-1390.74		
E						5701.78	2632.51

Chapter **7** 三角測量
重點內容摘要

■ 偏心觀測之種類有：

1. **測站偏心**：係因原標石點位不易架設經緯儀，或因有通視障礙無法在原標石點位上進行角度觀測時，必須在鄰近原標石點位一定範圍內，架設經緯儀進行角度觀測者，稱為測站偏心。

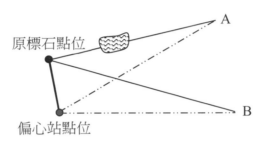

2. **照準點偏心**：測角時，視準點與地面點位不在同一垂線上，稱為視準點偏心。

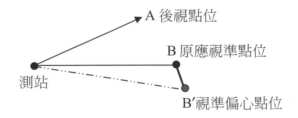

....

■ 測站歸心計算步驟：

當原測站 Z 無法架設經緯儀時，在原點位旁邊之偏心站 J 架設經緯儀實施角度觀測，稱為測站偏心。故須將偏心站所測的角度值 α 歸算成相當於在原點位上觀測的正確角度值 β，此過程稱為測站歸心計算。

1. $\begin{cases} w_1 = 360° - \gamma \\ w_2 = w_1 + \alpha \end{cases}$

2. $\begin{cases} x_1'' = \rho'' \cdot (\dfrac{e}{s_1'}) \cdot \sin w_1' \\ x_2'' = \rho'' \cdot (\dfrac{e}{s_2'}) \cdot \sin w_2' \end{cases}$

3. $\beta = \alpha + x_2'' - x_1''$

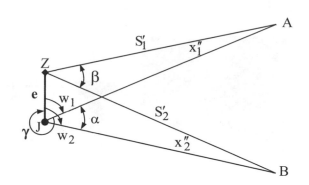

....

■ 照準點歸心計算步驟：

當原照準點 Z 與地面實際點位不再同一垂線上時，此時對實際照準點 J 所觀測的角度值 α 與正確角度值 β 之間有一偏差量 x″，稱為照準點偏心。如何計算角度偏差量，並修正觀測的角度值成為正確角度值，此過程稱為照準點歸心計算。

$x'' = \rho'' \cdot (\dfrac{e}{s'}) \cdot \sin \gamma$

$\beta = \alpha \pm x''$

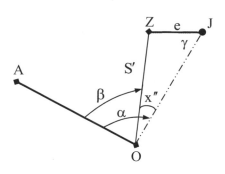

一、已知快速道路外側路緣線之三支路燈位於 A 點、B 點、C 點,其坐標分為 $(216567m,\ 2666340m)$、$(216592m,\ 2666383m)$、$(216615m,\ 2666426m)$,今欲在道路另一側加設一路燈於路緣線之 D 點,如示意圖。以經緯儀整置於現地 D 點,測得 $\angle ADB = 55°16'39''$、$\angle BDC = 33°42'20''$。(每小題 10 分,共 20 分)

(一)試繪圖並簡述求 D 點坐標之步驟。

(二)計算 D 點之坐標。

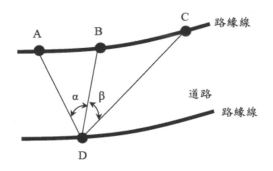

(106 三等-平面測量與施工測量#4)

參考題解

(一)如圖,採用白賽爾法計算 D 點坐標,步驟簡述如下:

1. 利用 A、D、C 三點畫出外接圓,則 $\overline{BD}$ 將與此圓交於 Q 點。

2. 根據 A、C 坐標及 $\angle ADB = \alpha = 55°16'39''$、$\angle BDC = \beta = 33°42'20''$ 二觀測角度,依前方交會法計算 Q 點坐標。

3. 由 B、A 坐標計算邊長 $\overline{AB}$ 及方位角 ϕ_{BA}。

4. 由 B、Q 坐標計算方位角 $\phi_{BQ} = \phi_{BD}$ 或 $\phi_{QB} = \phi_{BD}$。

5. 計算圖中的角度 γ 和距離 $\overline{BD}$。

6. 根據方位角 ϕ_{BD} 和距離 $\overline{BD}$,由 B 點計算 D 點坐標。

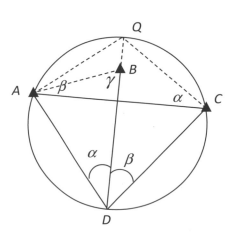

（二）設題目所給之 A、B、C 坐標值為(E, N)，則 D 點坐標計算如下：

1. 根據 A、C 坐標及 $\angle ADB = \alpha = 55°16'39''$、$\angle BDC = \beta = 33°42'20''$ 二觀測角度，依前方交會法計算 Q 點坐標如下：

$$\overline{AC} = \sqrt{(2666426 - 2666340)^2 + (216615 - 216567)^2} = 98.489m$$

$$\phi_{AC} = \tan^{-1}\frac{216615 - 216567}{2666426 - 2666340} = 0°33'29''$$

$$\phi_{AQ} = 0°33'29'' - 33°42'20'' + 360° = 326°51'09''$$

$$\overline{AQ} = 98.489 \times \frac{\sin 55°16'39''}{\sin(180° - 55°16'39'' - 33°42'20'')} = 80.963m$$

$$N_Q = 2666340 + 80.963 \times \cos 326°51'09'' = 2666407.787m$$

$$E_Q = 216567 + 80.963 \times \sin 326°51'09'' = 216522.730m$$

2. 由 B、A 坐標計算邊長 $\overline{AB}$ 及方位角 ϕ_{BA} 如下：

$$\overline{AB} = \sqrt{(2666383 - 2222340)^2 + (216592 - 216567)^2} = 49.739m$$

$$\phi_{BA} = \tan^{-1}\frac{216567 - 216592}{2666340 - 2666383} + 180° = 180°34'53''$$

3. 由 B、Q 坐標計算方位角 $\phi_{QB} = \phi_{BD}$ 如下：

$$\phi_{QB} = \phi_{BD} = \tan^{-1}\frac{216592 - 216522.730}{2666383 - 2666407.787} + 180° = 177°12'19''$$

4. 計算角度 γ 和距離 $\overline{BD}$ 如下：

$$\gamma = \phi_{BA} - \phi_{BD} = 180°34'53'' - 177°12'19'' = 3°22'34''$$

$$\overline{BD} = 49.739 \times \frac{\sin(180° - 55°16'39'' - 3°22'34'')}{\sin 55°16'39''} = 51.683m$$

5. 根據方位角 ϕ_{BD} 和距離 $\overline{BD}$，由 B 點計算 D 點坐標如下：

$$N_D = 2666383 + 51.683 \times \cos 177°12'19'' = 2666331.378m$$

$$E_D = 216592 + 51.683 \times \sin 177°12'19'' = 216594.520m$$

二、三角點位置可能因自然或人為因素而變動，故於使用三角點作為控制之用前，應對三
　　角點先加以檢測，以確認三角點位置的正確性，試述檢測方法為何？（20分）

（106 普考-測量學概要#3）

參考題解

（一）利用邊長進行檢測：即實測邊長與三角點坐標計算之已知邊長進行比較。

　　1. 若三角點只有二個，則只能觀測二點之間的邊長進行檢測，如果實測邊長與已知邊
　　　長相符合，則只能保證二已知點的相對位置是正確的，但無法保證二已知點的絕對
　　　位置是正確的；如果實測邊長與已知邊長不符，則無法判斷是那一個已知點是錯誤
　　　的，或是二個已知點都不正確。

　　2. 若有三個三角點時，三個實測邊長與已知邊長皆相符，表示三個已知點都正確。若
　　　二個邊長不符，表示至少有一個三角點不正確。若三個邊長皆不相符，表示至少二
　　　個三角點不正確，此時應該增加三角點進行檢測。

（二）利用角度進行檢測：至少必須要有三個以上的三角點，即實測三角形內角與三角點坐
　　標計算之已知內角進行比較。

　　若有三個三角點時，三個實測內角和已知內角皆相符，則表示三個已知點都是正確的。
　　當有一個三角點位置不正確，則三個內角皆會與已知內角不相符，此時應該增加三角
　　點進行檢測。

（三）利用衛星定位測量進行檢測：即利用衛星定位測量實測三角點坐標與已知坐標進行比
　　較。

　　由於衛星定位測量可以直接測得三角點坐標或相鄰三角點之間的坐標差，端視測量方
　　式而定，例如相對定位測量方式得到的是坐標差，網路 RTK 測量方式得到的是點位坐
　　標值，再將坐標值或坐標差與已知坐標進行比較。

三、欲以前方交會方式標定 P 點位置，已知三個控制點的 TWD97 坐標 X, Y 分別為
A(244751.257,2738544.103)、B(244856.273,2738614.746)、C(244760.457,2738481.781)，
今在 A 點觀測得角 BAP 為 $314°35'22''$，在 B 點觀測得角 CBP 為 $88°15'35''$，試求 P 點
坐標。（20 分）

（106 普考－測量學概要#5）

參考題解

依圖解算如下：

$\angle PAB = 360° - 314°35'22'' = 45°24'38''$

$\phi_{BA} = \tan^{-1}\dfrac{244751.257 - 244856.273}{2738544.103 - 2738614.746} + 180° = 236°04'18''$

$\phi_{BC} = \tan^{-1}\dfrac{244760.457 - 244856.273}{2738481.781 - 2738614.746} + 180° = 215°46'37''$

$\angle CBA = 236°04'18'' - 215°46'37'' = 20°17'41''$

$\angle ABP = 88°15'35'' - 20°17'41'' = 67°57'54''$

$\phi_{AB} = 236°04'18'' - 180° = 56°04'18''$

$\overline{AB} = \sqrt{(244856.273 - 244751.257)^2 + (2738614.746 - 2738544.103)^2} = 126.565m$

$\phi_{AP} = \phi_{AB} - \angle PAB = 56°04'18'' - 45°24'38'' = 10°39'40''$

$\overline{AP} = 126.565 \times \dfrac{\sin 67°57'54''}{\sin(180° - 45°24'38'' - 67°57'54'')} = 127.810m$

$X_P = 244751.257 + 127.810 \times \sin 10°39'40'' = 244774.902m$

$Y_P = 2738544.103 + 127.810 \times \cos 10°39'40'' = 2738669.707m$

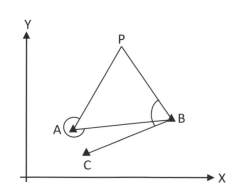

四、在二維坐標系中，若 A（X_A, Y_A）及 B（X_B, Y_B）為已知點，C（X_C, Y_C）為未知點，A、B 及 C 三點不共線。今利用測角方式測得∠BAC 及∠ABC。

（一）以作圖法解釋 C 點坐標（X_C, Y_C）是否能求得？（10 分）

（二）列出觀測方程式解釋 C 點坐標（X_C, Y_C）是否能求得？（10 分）

（107 三等－平面測量與施工測量#4）

參考題解

（一）如下圖所示，∠BAC 和∠ABC 可以交會出 C 點，因此可以求其坐標(X_C, Y_C)。

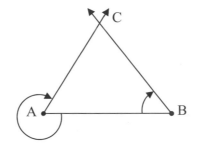

（二）對測量而言，一個觀測量相當於一個方程式，本題二個∠BAC 及∠ABC 角度觀測量的觀測方程式可以根據坐標計算方位角公式列出如下：

$$\angle BAC = \phi_{AC} - \phi_{AB} = \tan^{-1}\frac{X_C - X_A}{Y_C - Y_A} - \tan^{-1}\frac{X_B - X_A}{Y_B - Y_A}$$

$$\angle ABC = \phi_{BC} - \phi_{BA} = \tan^{-1}\frac{X_C - X_B}{Y_C - Y_B} - \tan^{-1}\frac{X_A - X_B}{Y_A - Y_B}$$

由於上列二個方程式中僅有(X_C, Y_C)二個未知數，因此恰可解算。

五、於二維平面直角坐標系統(E, N)中，已知 A、B 二點之坐標分別為$(100.00, 20.00)$、$(100.00, 120.00)$（單位：m），由 A、B 二點分別觀測得方位角 $\phi_{\overline{AP}} = 60°0'0''$、距離 $\overline{BP} = 90.00m$，試列出觀測方程式並計算 P 點之平面坐標(E_P, N_P)，並說明以此方式測定點位有何缺失？（25 分）

（107 普考-測量學概要#2）

參考題解

在一個已知點 A 對未知點 P 測角，在另一個已知點 B 對未知點 P 測距，從而測定未知點平面位置之方法稱為半導線法（或角度距離交會法），如圖所示。已知點 A 測角是確定未知點 P 所在的方位線，已知點 B 測距是確定未知點 P 在此方位線上的確定位置，亦即指未知點 P 將位於以 B 點為圓心所測距離為半徑的圓弧上。然因圓弧與方位線可能會產生 P 和 P′ 二個交點，因此有必須再確定未知點的確切位置是 P 或 P′ 之缺失。

$$\overline{AB} = \sqrt{(100.00 - 100.00)^2 + (120.00 - 20.00)^2} = 100.00m$$

$$\overline{AD} = \overline{AB} \times \cos\phi_{AP} = 100.00 \times \cos 60° = 50.00m$$

$$\overline{BD} = \overline{AB} \times \sin\phi_{AP} = 100.00 \times \sin 60° = 86.60m$$

$$\overline{PD} = \overline{P'D} = d = \sqrt{\overline{BP}^2 - \overline{BD}^2} = \sqrt{90^2 - 86.60^2} = 24.50m$$

$$\overline{AP} = \overline{AD} - d = 50.00 - 24.50 = 25.50m$$

$$\overline{AP'} = \overline{AD} + d = 50.00 + 24.50 = 74.50m$$

若確定未知點為 P，則其平面坐標為：

$$N_P = N_A + \overline{AP} \times \cos\phi_{AP} = 20.00 + 25.50 \times \cos 60° = 32.75m$$

$$E_P = E_A + \overline{AP} \times \sin\phi_{AP} = 100.00 + 25.50 \times \sin 60° = 122.08m$$

若確定未知點為 P′，則其平面坐標為：

$$N_{P'} = N_A + \overline{AP'} \times \cos\phi_{AP} = 20.00 + 74.50 \times \cos 60° = 57.25m$$

$$E_{P'} = E_A + \overline{AP'} \times \sin\phi_{AP} = 100.00 + 74.50 \times \sin 60° = 164.52m$$

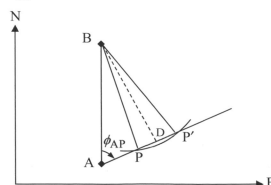

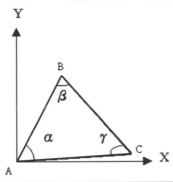

六、有一三角形如圖示，已知 A、B 之 XY 坐標分別為 A（100.00, 200.00），B（150.00, 300.00）（單位：公尺），今觀測得 α = 63°10′23″，β = 69°20′16″，γ = 47°29′39″。

（一）試以內角條件平差求 α、β、γ？（6 分）

（二）以平差後之觀測角度，用 A、B 點坐標求 C 點之坐標？（14 分）

（107 四等-測量學概要#3）

參考題解

（一）三內角閉合差 $w = \alpha + \beta + \gamma = 63°10′23″ + 69°20′16″ + 47°29′39″ = +18″$

$$\alpha' = \alpha - \frac{w}{3} = 63°10′23″ - \frac{18″}{3} = 63°10′17″$$

$$\beta' = \alpha - \frac{w}{3} = 69°20′16″ - \frac{18″}{3} = 69°20′10″$$

$$\gamma' = \gamma - \frac{w}{3} = 47°29′39″ - \frac{18″}{3} = 47°29′33″$$

（二）根據題目附圖假設 Y 軸為北方，則由 A、B 坐標計算邊長 $\overline{AB}$ 及方位角 ϕ_{AB}：

$$\overline{AB} = \sqrt{(150.00 - 100.00)^2 + (300.00 - 200.00)^2} = 111.803m$$

$$\phi_{AB} = \tan^{-1}(\frac{150.00 - 100.00}{200.00 - 100.00}) = 26°33′54″$$

$$\phi_{AC} = \phi_{AB} + \alpha' = 26°33′54″ + 63°10′17″ = 89°44′11″$$

$$\overline{AC} = \overline{AB} \times \frac{\sin \beta'}{\sin \gamma'} = 111.803 \times \frac{\sin 69°20′10″}{\sin 47°29′33″} = 141.904m$$

$$\Delta X_{AC} = 141.904 \times \sin 89°44′11″ = +141.902m$$

$$\Delta Y_{AC} = 141.904 \times \cos 89°44′11″ = +0.653m$$

$$X_C = 100.00 + 141.902 = 241.902 \approx 241.90m$$

$$Y_C = 200.00 + 0.652 = 200.652 \approx 200.65m$$

七、如圖所示，AC 與 BD 近似垂直，P 點位於 AC、BD 的交點附近，欲測定 P 點，則：
（每小題 15 分，共 30 分）

（一）如果只有皮尺作為量距工具，且不考慮量距的誤差，並已於 A 點對 P 量距，若欲在 B 點或 C 點再對 P 點量距，則何者對 P 的定位效果較佳？為什麼？

（二）如果只有經緯儀作為測角工具，且不考慮測角的誤差，並已於 A 點對 P 測一方向角，若欲在 B 點或 C 點再對 P 測方向角，則何者對 P 的定位效果較佳？為什麼？

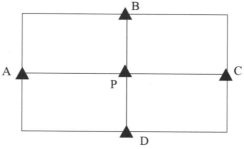

（108 四等－測量學概要#2）

參考題解

（一）量距誤差會造成未知點的縱向偏移，故因量距誤差所產生的點位誤差範圍為環形，如圖一(a)之二虛線圓弧之間。故若分別在 A、B 二點對 P 點量距時，AP 和 BP 二段距離各別誤差範圍的交集部分即為 P 點的定位誤差範圍，如圖一(b)；若分別在 A、C 二點對 P 點量距時，AP 和 CP 二段距離各別誤差範圍的交集部分即為 P 點的定位誤差範圍，如圖一(c)。因圖一(b)之定位誤差範圍較圖一(c)小且均勻，故在 B 點再對 P 點量距的定位效果較佳。

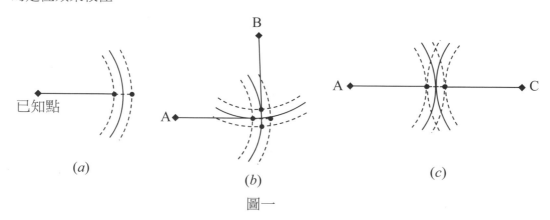

圖一

（二）測角誤差會造成觀測方向的橫向偏移，故因測角誤差所產生的點位誤差範圍為二射線範圍內，如圖二(*a*)之二虛線射線之間。故若分別在 A、B 二點對 P 點測量方向角時，二個方向角各別誤差範圍的交集部分即為 P 點的定位誤差範圍，如圖二(*b*)；若分別在 A、C 二點對 P 點測量方向角時，二個方向角各別誤差範圍的交集部分即為 P 點的定位誤差範圍，如圖二(*c*)。因圖二(*b*)之定位誤差範圍較圖二(*c*)小且均勻，故在 B 點再對 P 點策方向角的定位效果較佳。

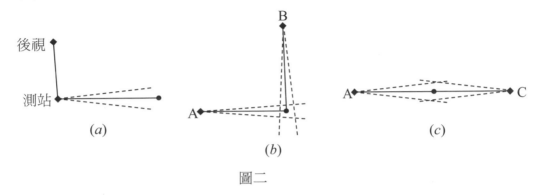

圖二

八、如圖所示，A、B 為已知平面坐標的控制點。P 點為欲測設的橋墩中心點，其設計的平面坐標已知。今以全測站儀由 A、B 兩點欲定出 P 點的平面位置，請從計算、施測方法等說明如何放樣 P 點？（25 分）

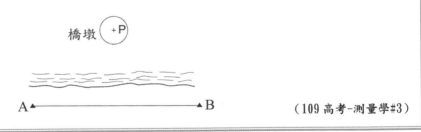

（109 高考-測量學#3）

參考題解

可以採用較為方便且精度良好的極坐標法，測設步驟如下：

（一）先根據 A、B、P 三點坐標計算測設數據 $\overline{AP} = D$ 和 $\angle PAB = \theta$，同時應估算擬定測回數。

（二）於 A 點架設全測站儀並後視照準 B 點，再按擬定測回數精確測設 θ 角在橋墩上釘得一參考方向點。

（三）在該參考方向點的方向上按擬定測回數精確測設距離值 D，即得橋墩中心點 P。

為防止錯誤，最好使用二部全測站儀分別在 A、B 二點同時實施極坐標法進行測設，若 A、B 二站測各自測設得到之點位的距離差值小於 2 公分，則取二測設點連線之中心點即為橋墩中心 P 點。

九、已知 AC = 460.10 m、BC = 370.55 m，A 點（E, N）坐標為（355168 m, 2769437 m），

B 點（E, N）坐標為（355008 m, 2769077 m）。

（一）試求在 A、B 兩點北方之 C 點坐標。（20 分）

（二）此為何種交會法？（5 分）

（109 三等-平面測量與施工測量#4）

參考題解

（一）$\overline{BA} = \sqrt{(355168-355008)^2 + (2769437-2769077)^2} = 393.95\ m$

$\phi_{BA} = \tan^{-1} \dfrac{355168-355008}{2769437-2769077} = 23°57'45''$

$\angle CBA = \cos^{-1}(\dfrac{\overline{BA}^2 + \overline{BC}^2 - \overline{AC}^2}{2\cdot\overline{BA}\cdot\overline{BC}}) = \cos^{-1}(\dfrac{393.95^2 + 370.55^2 - 460.10^2}{2\times393.95\times370.55}) = 73°55'52''$

$\phi_{BC} = \phi_{BA} - \angle CBA = 23°57'45'' - 73°55'52'' + 360° = 310°01'53''$

$E_C = 355008 + 370.55\times\sin 310°01'53'' = 354724.27\ m$

$N_C = 2769077 + 370.55\times\cos 310°01'53'' = 2769315.34\ m$

（二）此為距離交會法。

十、平面測量常以測邊、測角組成觀測量，透過幾何圖形關係求出待定點座標。常用的方法有「前方交會」、「後方交會」、「側方交會」、「輻射法（極座標法）」、「交弧法」、「雙點定位法」等。

（一）請由上述定位方法中挑選 5 種，繪圖並說明其「已知量」、「觀測量」及「待定量」。請以「△」標示已知座標點位、「✕」標示待定座標點位且需標示觀測量（邊長、水平角）。（15 分）

（二）請製表舉例說明這 5 種定位方法的應用場合。（10 分）

（110 四等－測量學概要#1）

參考題解

（一）

方法	已知量	觀測量	待定量	圖
前方交會法	A 點坐標 B 點坐標	$\angle PAB = \alpha$ $\angle ABP = \beta$	P 點坐標	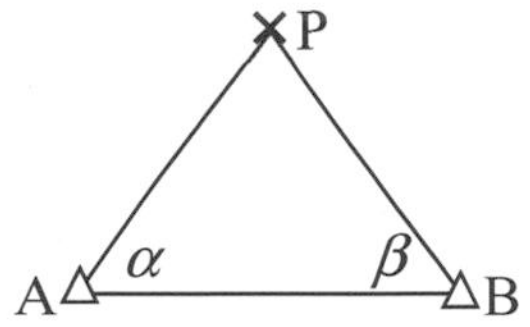
後方交會法	A 點坐標 B 點坐標 C 點坐標	$\angle APB = \alpha$ $\angle BPC = \beta$	P 點坐標	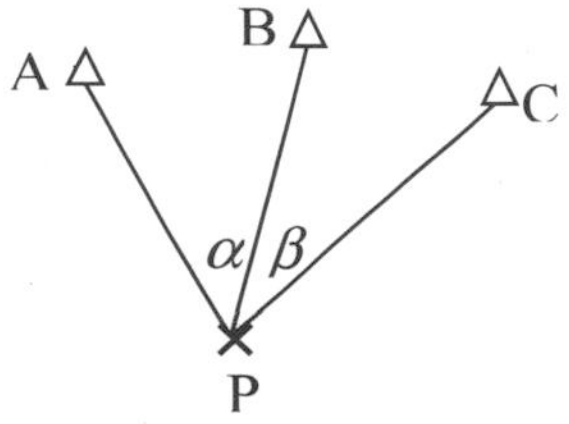
輻射法	A 點坐標 B 點坐標	$\angle ABP = \theta$ $\overline{AP} = S$	P 點坐標	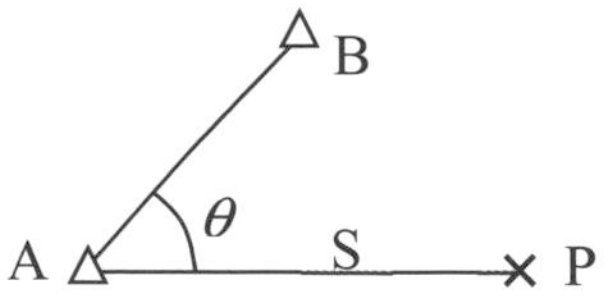
交弧法	A 點坐標 B 點坐標	$\angle PAB = \theta$ $\overline{BP} = S$	P 點坐標	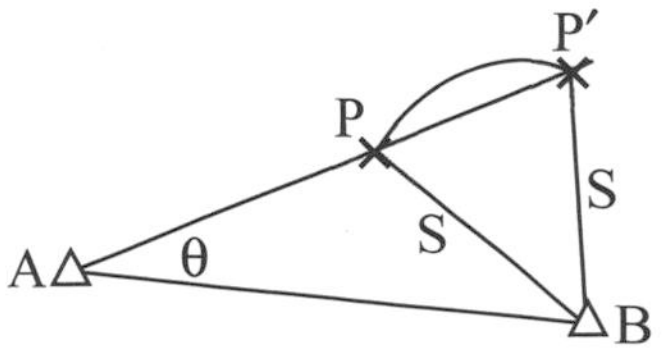

方法	已知量	觀測量	待定量	圖
雙點定位法	A 點坐標 B 點坐標	$\angle AP_1P_2 = \alpha_1$ $\angle BP_1P_2 = \alpha_2$ $\angle P_1P_2A = \beta_1$ $\angle P_1P_2B = \beta_2$	P_1 點坐標 P_1 點坐標	

（二）

方法	應用場合
前方交會法	1. 常用於建立控制補點。例如僅能找到二個無誤的已知點，二個已知點之間能相互通視，並方便前往觀測之場合。 2. 用於無法量距之地物點的測繪或測設。
後方交會法	常用於建立控制補點。例如能找到三個無誤的已知點，但三個已知點之間均不易相互通視，或三個已知點中有些點不方便前往觀測或不能架設儀器之場合。
輻射法	1. 各種圖籍測繪之場合。 2. 點位測設之場合。 3. 用於建立控制補點。
交弧法	常用於排列整齊地物之測繪。
雙點定位法	常用於需同時建立二個控制補點，例如僅能找到二個無誤的已知點，但二個已知點之間無法通視或至少有一點不方便前往觀測或不能架設儀器。

■ 「地形」之意義：

地形是指地表面的形態，可以分為地貌和地物兩種。地球表面上高低起伏之自然形態，如山脈、平原、盆地、溪谷、湖泊等，稱為地貌（Relief）；而凡各種天然或人為之物體，如房屋、鐵路、公路、橋樑、圍籬等稱為地物（Features）。

■ 在測量工作中稱相當於圖上 0.1 mm 的實地水平距離為比例尺精度。

根據比例尺精度可以提供下列兩件事情的參考：

1. 依工作需要，有多大的地物要施測，或所測量的地物要求精確到甚麼程度，由比例尺精度可以決定測圖比例尺的大小。

2. 當測圖比例尺已決定時，由比例尺精度可以推算出測量地務實應精確到甚麼程度。

■ 一般將等高線分為下列四種：

1. **首曲線**（Primary Contour Line）：亦稱為主曲線，其為表示地形的基本曲線，即依基本等高距所測繪的等高線，一般以均以 0.2 mm 實線條繪畫標示之。

2. **計曲線**（Index Contour Line）：為便於讀計首曲線，自水準基面起算，將每逢五倍數的首曲線加粗，並註記其高程。

3. **間曲線**（IntermediateContour Line）：在地勢平坦而地形變化複雜，首曲線不足以表實際地形時，可於首曲線間等高距一半之高程處，加繪一條 0.2 mm 之虛線，稱為間曲線。

4. **助曲線**（Supplementary Contour Line）：若地勢過於平坦而間曲線仍不足以表示實際地貌時，可在首曲線與間曲線等高距一半之高程處，再加繪 0.1 mm 之細短虛線，稱為助曲線。

■ 等高線計算土方的方法如下：

1. 平均斷面法

$$V = \frac{d}{2} \cdot \left[A_1 + 2(A_2 + A_3 + \cdots + A_{n-1}) + A_n \right] + \frac{\Delta h \times A_n}{3}$$

2. 稜柱體公式法

若 n 為奇數，則土方量為：

$$V = \frac{d}{3} \cdot \left[A_1 + 4(A_2 + A_4 + \cdots + A_{n-1}) + 2(A_3 + A_5 + \cdots A_{n-2}) + A_n \right] + \frac{\Delta h \times A_n}{3}$$

若 n 為偶數，則土方量為：

$$V = \frac{d}{3} \cdot \left[A_1 + 4(A_2 + A_4 + \cdots + A_{n-2}) + 2(A_3 + A_5 + \cdots A_{n-3}) + A_{n-1} \right]$$

$$+ \frac{d}{2} \cdot (A_{n-1} + A_n) + \frac{\Delta h \times A_n}{3}$$

參考題解

一、試述道路橫斷面測量的主要任務為何？又請說明橫斷面圖的用途為何？另橫斷面測量的寬度如何決定？（25 分）

（106 土技-工程測量#4）

參考題解

（一）橫斷面測量的主要任務是，測量道路各中心樁兩側垂直於道路中線方向一定距離內的地面起伏情形，並依規定比例尺繪製橫斷面圖。

（二）橫斷面圖可以作為了解路線中心二側之地形（地貌變化和地物）情況，協助擬定理想的路線高度，輔助路基設計、土方量計算、施工邊界線和購地範圍等之用。

（三）橫斷面測量的施測寬度需按路線工程預定用地標準，自中心樁起左右二側至用地界線外約 5 至 20 公尺，若二側為山壁或深塹，則寬度可略為減少，但若必須建設其他設施，則必須酌增其寬度。

二、如下地形圖中有幾個山頭？最高的山頭約海拔多少公尺？假設圖幅之寬度為 20 公里，請繪製虛線所經過之高程剖面圖（每公里讀一點高程繪製之），剖面圖中最大坡度之處為何？（20 分）

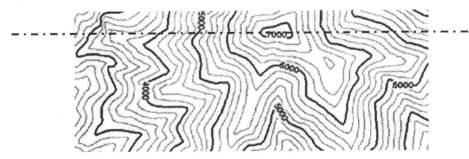

（106 四等-測量學概要#5）

參考題解

（一）二個山頭，分別位於 7000 公尺處的大山頭和鄰近 6600 公尺處的小山頭。

（二）最高的山頭海拔約為 7000 多公尺。

（三）剖面圖如下示，剖面圖中最大坡度之處在圖中虛線圈選處，在固定一公里水平間距情況下，此處高差變化約從 6200 公尺陡升至 6850 公尺，高差約 650 公尺。

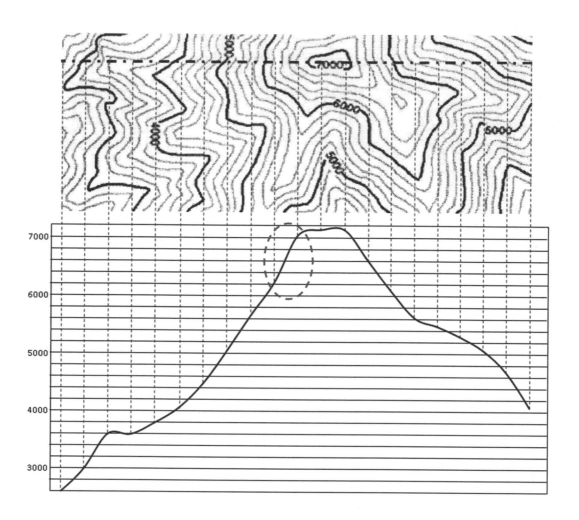

三、何謂地形測量？並請從儀器設備和定位方法申論 3D 雷射掃描儀使用於地形測量的可行性。（25 分）

（109 高考-測量學#4）

參考題解

（一）地形測量係運用適當的儀器及方法測定地物點（凡各種天然或人為之物體稱為地物）及地貌點（地表高低起伏形態）的平面位置及高程值，再以一定的比例尺和製圖規定（線條、圖式、註記、符號、色彩等）製作成正射投影圖的技術。

（二）1. 3D 雷射掃描儀是由一部雷射測距儀配合一組可導引雷射光作等角速度掃描的反射稜鏡所組成。施測時，以雷射掃描頭為坐標原點自行定義出測站的右旋三維直角坐標系稱為測站坐標系，如圖所示。雷射測距儀向物體發射雷射光並接收反射訊號獲得每一掃瞄點的斜距，再配合儀器可提供各掃瞄點與測站坐標系各坐標軸之間的夾角，便可推求出各掃瞄點在該測站坐標系中的三維坐標值，進而得到該測站的點雲成果。對於不同測站的施測成果可以透過重疊的掃描區域內的特徵點予以整合成整個測區的點雲成果。

2. 3D 雷射掃描儀施測前應事先於明顯適當處佈設一些控制點，並測定各點的平面坐標和高程值之後再進行掃描施測，如此便可以獲得與國家坐標系統一致的點雲成果。這些控制點也可以做為不同測站點雲成果整合的特徵點。

3. 3D 雷射掃描儀施測的點雲資料可以處理成 DSM 和 DEM 二種成果，其中 DEM 成果可以經處理獲得等高線或獨立標高點等地形圖中的高程資料。透過 DSM 可以確認地物的平面位置輔助平面圖的繪製。

綜合上述，3D 雷射掃描儀應可以使用於地形測量。

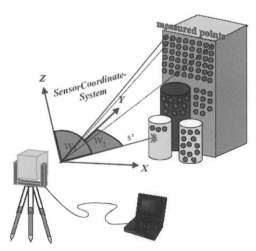

四、光達（LiDAR, light detection and ranging）與攝影測量（photogrammetry）是目前二種
大面積地形測量的主要光學遙測技術，試就其測量原理、載具、原始量測數據、主被
動性、天候限制，比較二者異同。（25 分）

（109 三等-平面測量與施工測量#2）

參考題解

比較項目	光達	攝影測量
測量原理	光達是由雷射測距儀配合反射鏡導引雷射光作等角速度掃描測距，再根據掃描點的空間距離與其在已定義的坐標系中的向量角度，便可推求出各掃瞄點在該坐標系中的三維坐標值，進而得到三維點雲成果。	攝影測量是利用相機拍攝具一定重疊比例的連續影像獲得連續的立體像對，再根據內外方位參數與共線式，以空間交會方式進行物空間點位三維坐標的量測。
載具	空載光達測量：航空器 地面光達測量：腳架	航空攝影測量量：航空器 地面攝影測量：腳架
原始量測數據	雷射距離	航拍影像
主被動性	主動性測量	被動性測量
天候限制	無限制	會受例如陰雨或濛氣等天候影響

9 定線測量
Chapter
重點內容摘要

■ 單曲線計算公式：

1. 切線長：$\overline{AB} = \overline{BC} = R \times \tan\dfrac{\Delta}{2}$ 【由 ΔOAB 得，$\tan\dfrac{\Delta}{2} = \dfrac{\overline{AB}}{R}$】

2. 曲線長：$\overset{\frown}{ADC} = R \times \Delta \times \dfrac{\pi}{180°}$

3. 長弦：$\overline{AC} = 2\overline{AD} = 2R \times \sin\dfrac{\Delta}{2}$ 【由 ΔOAD，$\sin\dfrac{\Delta}{2} = \dfrac{\overline{AD}}{R}$】

4. 外距：$\overline{BD} = \overline{OB} - R = R \times \left(\sec\dfrac{\Delta}{2} - 1\right)$ 【由 ΔOAB 得，$\cos\dfrac{\Delta}{2} = \dfrac{R}{OB}$】

5. 中距：$\overline{DE} = R - \overline{OE} = R \times (1 - \cos\dfrac{\Delta}{2})$ 【由 ΔOAD，$\cos\dfrac{\Delta}{2} = \dfrac{\overline{OE}}{R}$】

6. I.P.樁號＝B.C.樁號＋切線長
7. M.C.樁號＝B.C.樁號＋曲線長／2
8. E.C.樁號＝B.C.樁號＋曲線長

圖　單曲線

■ 曲率半徑 R、弦長 L 及偏角 δ 之間的關係式：

$$\delta = 1718.87' \times \frac{\ell}{R}$$

··

■ 切線支距法公式：

$$x = R \cdot \sin(2\sum\delta)$$
$$y = R \cdot [1 - \cos(2\sum\delta)]$$

··

■ 豎曲線公式：

$$y = \frac{g_2\% - g_1\%}{2L}x^2 + g_1\% \cdot x + H$$

一、試述道路工程放樣按曲線的連接形式不同，可分為那幾種曲線？又曲線測設的方法有那些？（25分）

（106 土技-工程測量#3）

參考題解

（一）平曲線：用來連接相鄰不同方向的路線，由一方向的路線經由平曲線逐漸改變路線的平面走向與另一方向的路線相銜接。平曲線的類型有：

1. 單曲線：在兩相鄰直線道路之間用一段圓弧連接，此圓弧兩端點的切線只有一個交點。

2. 複曲線：由兩個或兩個以上的單曲線同向連接而成，圓心皆在道路的同側。

3. 反向曲線：由兩個或兩個以上的單曲線反向連接而成，圓心在道路的反側。

4. 緩和曲線：在單曲線與直線之間或兩單曲線之間設置的一段過度曲線，其曲率半徑由無窮大漸變至單曲線半徑。

5. 回頭曲線：若路線轉向接近或大於時，必須採用回頭曲線。回頭曲線是圓曲線和緩和曲線的組合。

平曲線常用的測設方法有：

1. 偏角法：先計算曲線主點與副點之間的偏角值和距離值，然後將全測站儀安置在主點上，根據偏角值和距離值依序測設各副點。

2. 切線支距法：以過曲線主點的切線為主軸，先計算曲線副點與其在切線上投影點的支距值（y值）及主點至投影點的距離值（x值），然後先將儀器安置在主點根據x值測設投影點位置，再將儀器安置在投影點根據y值測設副點。

3. 坐標法：若路線設計已有副點的坐標值，可以先根據副點與其鄰近的導線點的坐標計算測設所需的角度值和距離值，再將全站儀安置在導線點上實施副點測設。

（二）豎曲線：用來連接相鄰不同坡度的路線，在兩條不同坡度的道路之間介入一條曲線，使車輛由一條道路的坡度漸變至另一條道路的坡度，以提升行車安全。平曲線的類型有圓曲線、螺旋線和拋物線三種，採用何種類型端視其豎角（二道路坡度之差值）大小而定，但以採用拋物線為多，乃因其計算簡易且便於設置。

豎曲線常用的測設方法如下：

以豎曲線切線起點為準，在適當地點安置水準儀，再根據豎曲線各副點的樁號和高程值，於各副點實施高程測設。

二、如圖，已知某道路彎道之中心曲線為水平單圓曲線，其半徑 $R = 500m$，頂點 I 之樁號為 $5k + 520.00$，頂點交角 $\alpha = 30°00'00''$，請計算：（1）曲線起點 A 之樁號；（2）曲線 ACB 之弧長；（3）曲線中點 C 之樁號；（4）曲線終點 B 之樁號；（5）曲線弦長 AB 之長度。（20 分）

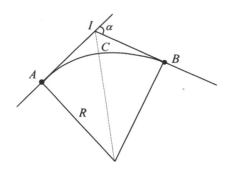

（106 四等-測量學概要#2）

參考題解

（1）曲線切線長 $T = 500 \times \tan\dfrac{30°00'00''}{2} = 133.98m$，故曲線起點 A 之樁號為：

$$5k + 520.00 - 133.98 = 5k + 386.02$$

（2）曲線 ACB 之弧長 $L = 500 \times 30° \times \dfrac{\pi}{180°} = 261.80m$

（3）曲線中點 C 之樁號為：$5k + 386.02 + \dfrac{261.80}{2} = 5k + 516.92$

（4）曲線終點 B 之樁號為：$5k + 386.02 + 261.80 = 5k + 647.82$

（5）長 AB 之長度為：$AB = 2 \times 500 \times \sin\dfrac{30°00'00''}{2} = 258.82m$

三、單曲線中間樁之測設方法包含偏角法（deflection angle method）及切線支距法（the methods of offsets from tangents）等，請分別說明其原理、計算方式及適用場合。（25分）

（108 土技-工程測量#2）

參考題解

假設單曲線之中心角為 Δ、半徑為 R，當確定曲線上各副點的樁號後，便可得知單曲線從 B.C.樁到 E.C.樁之間相鄰點位之間的各個弦長 ℓ_i，則可計算得各個副點對應之偏角值為

$$\delta_i = 1718.87' \times \frac{\ell_i}{R}$$

（一）偏角法（deflection angle method）

原理：如圖(a)所示，將全測站儀整置於 B.C.樁處，將儀器水平度盤歸零並後視照準 I.P.樁，依序平轉儀器至對應之水平度盤讀數 θ_i（各偏角依序累積值）確定副點測設方向後，再從 B.C.樁量水平距離 S_i 確定副點實地位置，如此即可將單曲線各副點一一測設於實地。

計算方式：單曲線各副點對應之水平度盤讀數 θ_i 之計算式為：$\theta_i = \sum_{i=1}^{n} \delta_i$

從 B.C.樁到單曲線各副點的水平距離之計算是為：$S_i = 2R \cdot \sin \theta_i$

適用場合：一般單曲線皆可以此法測設曲線副點。

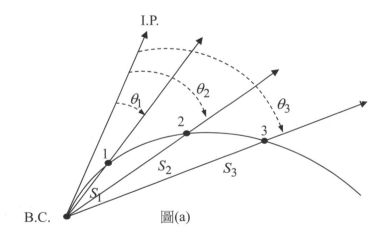

圖(a)

（二）切線支距法（the methods of offsets from tangents）

原理：如圖(b)所示，設 B.C.樁至 I.P.樁方向（切線方向）為 X 軸，B.C.樁至單曲線圓心方向（半徑方向）為 Y 軸，將全測站儀整置於 B.C.樁處並照準 I.P.樁，先自 B.C.樁依序量測各副點對應之 x 坐標值確定各副點在切線上的垂足位置，接著

依序將儀器整置在各垂足上，再以支距法量測各副點對應之支距值（即 y 坐標值），如此即可將單曲線各副點一一測設於實地。

計算方式：單曲線各副點之偏角累積值 θ_i 之計算式為：$\theta_i = \sum_{i=1}^{n} \delta_i$

單曲線各副點對應之 x 坐標計算式為：$x_i = R \cdot \sin 2\theta_i$

單曲線各副點對應之 y 坐標計算式為：$y_i = R \cdot (1 - \cos 2\theta_i)$

適用場合：（1）一般適用於平坦地區或山區，且在切線方向無障礙物知短曲線。

（2）當 B.C.樁或 E.C.樁有障礙物時，可採本法替代。

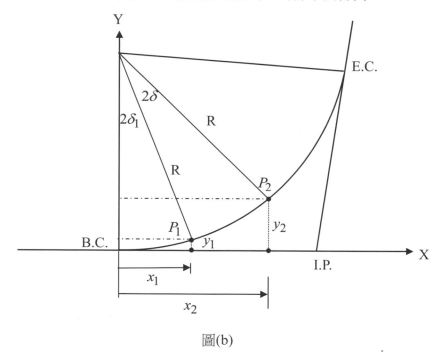

圖(b)

四、如圖欲對一道路進行彎道改善工程，圖中 AC 弧線為原道路中心之圓曲線，起點 A 之樁號為（80 K + 321.34 m），但已無法查得原曲線半徑 R 的大小。因現場無法對切線交點 B 進行定樁及觀測，因此分別於兩切線上設立樁位 S 及 T，並觀測 $\overline{AS}$ 長度為 18.16 公尺、$\overline{ST}$ 長度為 28.52 公尺，α＝∠AST＝135°、β＝∠STC＝101°；新道路曲線仍設計為圓曲線，且具有與原曲線相同的曲線中心角 γ。請回答以下問題：

（一）請推算原 AC 曲線之曲線中心角 γ 及曲線半徑 R。（15 分）

（二）若新曲線的半徑 R′ 設計為 70 公尺，請計算新曲線起點 A′ 樁號、以及 A′C′的弧線長度。（10 分）

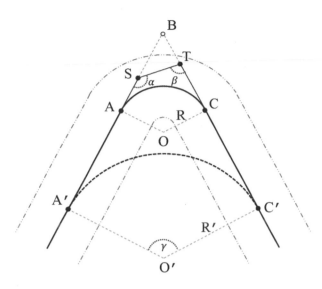

（108 土技-工程測量#4）

參考題解

（一）$\angle BST = 180° - 135° = 45°$

$\angle STB = 180° - 101° = 79°$

$\overline{SB} = \overline{ST} \times \dfrac{\sin \angle STB}{\sin(180° - \angle BST - \angle STB)} = 28.52 \times \dfrac{\sin 79°}{\sin(180° - 45° - 79°)} = 33.77m$

原曲線切線長 $\overline{AB} = \overline{AS} + \overline{SB} = 18.16 + 33.77 = 51.93m$

原曲線中心角 $\gamma = \angle BST + \angle STB = 45° + 79° = 124°$

因 $\overline{AB} = R \times \tan\dfrac{\gamma}{2}$，則 $51.93 = R \times \tan\dfrac{124°}{2}$，解得：

原曲線半徑 $R = 27.63m$

（二）因新舊曲線的中心角同為 γ，故

新曲線的切線長 $\overline{A'B} = 70 \times \tan\dfrac{124°}{2} = 131.65m$

$\overline{A'A} = \overline{A'B} - \overline{AB} = 131.65 - 51.93 = 79.72m$

新曲線起點 A′ 的椿號為：$80k + 321.34 - 79.72 = 80k + 241.62m$

新曲線 A′C′ 的弧線長度為：$70 \times \dfrac{124°}{180°} \times \pi = 151.49m$

五、如下圖所示，A、D、C 及 J、K 都是圓弧曲線道路之主點，A 是曲線起點（Beginning of Curve, B.C.），C 為曲線終點（End of Curve, E.C.），B 為圓弧曲線在 A、C 兩點的切線之交點（Intersection Point, I.P.），R 為圓弧曲率半徑（Radius of Curve），$\overline{BD}$ 為外距（External Distance），$\overset{\frown}{ADC}$ 為曲線長度，D 為曲線中點，J、K 分別為曲線 $\overset{\frown}{AJD}$、$\overset{\frown}{DKC}$ 的中點。已定其曲線之起終點 A、C，兩者之里程分別為 A = 44K + 931 m，C = 45K + 163.71 m，I = 26°40′，R = 500 m，請計算曲線長度 $\overset{\frown}{AJD}$、弦長 $\overline{AD}$、偏角∠DAB、外距 $\overline{BD}$。（20 分）

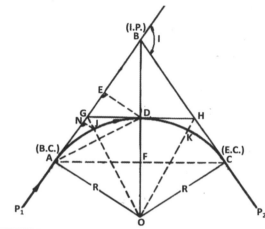

（108 三等-平面測量與施工測量#4）

參考題解

曲線長度 $\overset{\frown}{ADC} = 45K + 163.71 - 44K + 931 = 232.71m$

因 D 為曲線中點，故曲線長度 $\overset{\frown}{AJD} = \dfrac{1}{2}\overset{\frown}{ADC} = \dfrac{232.71}{2} = 116.355m$

弦長 $\overline{AD} = 2 \times R \times \sin\dfrac{I}{4} = 2 \times 500 \times \sin\dfrac{26°40′}{4} = 116.093m$

偏角 $\angle DAB = \dfrac{1}{2}\angle BAC = \dfrac{1}{2} \times \dfrac{I}{2} = \dfrac{I}{4} = \dfrac{26°40′}{4} = 6°40′$

外距 $\overline{BD} = R \times (\sec\dfrac{I}{2} - 1) = 500 \times (\sec\dfrac{26°40′}{2} - 1) = 13.851m$

六、克羅梭曲線（clothoid curve）上，某一點的曲率半徑 r 和從曲線起點（和直線段接壤
處）到該點的曲線長 l 之乘積為一個常數 C 的平方，即 $r \times l = C^2$，它常做為緩和曲線
使用。今一條公路（示意圖如下），在圓弧曲線 PR 兩端各設置一條克羅梭曲線做為緩
和曲線，兩條克羅梭曲線 TP 和 RW 的參數 C 分別為 600 公尺和 450 公尺，T 點為其
中一條克羅梭曲線的起點，其里程數為 $120^k + 330$，而圓弧曲線的切線長 $\overline{PQ} = \overline{QR}$ 等
於 288.68 公尺，圓弧曲線兩切線的交角 I 為 60°，O 為圓心，UT 和 WV 為直線段，其
中 U 點的里程數為 $120^k + 100$。試求圓弧曲線半徑、TP 和 RW 克羅梭曲線長度，P、
Q、R、W 四點的里程數。

（註：所有長度計算至公分，公分以下四捨五入）（25 分）

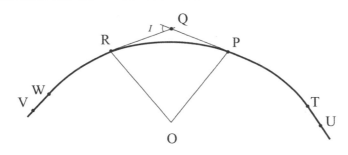

（109 高考-測量學#2）

參考題解

$$288.68 = R \times \tan\frac{60°}{2}$$

解得圓弧曲線半徑 $R = 500.01m$

圓弧曲線長 $L = 500.01 \times 60° \times \dfrac{\pi}{180°} = 523.61m$

設 TP 曲線長為 ℓ_1，則得：$500.01 \times \ell_1 = 600^2$

解得 $\ell_1 = 719.99m$

設 RW 曲線長為 ℓ_2，則得：$500.01 \times \ell_2 = 450^2$

解得 $\ell_2 = 404.99m$

P 點里程數 $= 120k + 330 + 719.99 = 121k + 049.99$

R 點里程數 $= 121k + 049.99 + 523.61 = 121k + 573.60$

W 點里程數 $= 121k + 573.60 + 404.99 = 121k + 978.59$

七、一條圓弧曲線（示意圖如下）的中點 M 椿號為 $79^k + 120$，起點 B 的椿號為 $78^k + 765$，
圓心角 $\angle BOD = \theta = 60°$ 且已知曲線起點 B 的縱橫坐標為（N_B, E_B）＝（360.05, 255.18）
（單位：公尺），方位角 $\overline{BD}$ 為 50°，試求該圓弧曲線的半徑 R、切線長 $\overline{BC}$、方位角
$\overline{BC}$，以及曲線終點 D 的縱橫坐標（N_D, E_D）和兩切線交點 C 的縱橫坐標（N_C, E_C）。
（註：角度計算至秒，長度計算至公分，秒或公分以下四捨五入）（25 分）

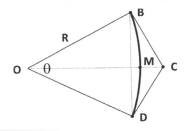

（109 普考-測量學概要#4）

參考題解

曲線長 $L = 2 \times (79k + 120 - 78k + 765) = 830m = R \times 60° \times \dfrac{\pi}{180°}$

解得半徑 $R = 792.59\ m$

切線長 $\overline{BC} = R \times \tan\dfrac{\theta}{2} = 792.59 \times \tan\dfrac{60°}{2} = 457.60\ m$

因 $\angle CBD = \dfrac{\theta}{2} = \dfrac{60°}{2} = 30°$，故 $\overline{BC}$ 方位角 $\phi_{BC} = \phi_{BD} - \angle CBD = 50° - 30° = 20°$

$N_C = N_B + \overline{BC} \times \cos\phi_{BC} = 360.05 + 457.60 \times \cos 20° = 790.05\ m$

$E_C = E_B + \overline{BC} \times \sin\phi_{BC} = 255.18 + 457.60 \times \sin 20° = 411.69\ m$

長弦 $\overline{BD} = 2 \times R \times \sin\dfrac{\theta}{2} = 2 \times 792.59 \times \sin\dfrac{60°}{2} = 792.59\ m$

$N_D = N_B + \overline{BD} \times \cos\phi_{BD} = 360.05 + 792.59 \times \cos 50° = 869.52\ m$

$E_C = E_B + \overline{BD} \times \sin\phi_{BD} = 255.18 + 792.59 \times \sin 50° = 862.34\ m$

Chapter 10 誤差傳播

參考題解

一、已知一個平面三角形，測得兩邊長 a、b，以及對應中誤差分別為 m_a、m_b，且協變方
（Covariance）為 m_{ab}；另亦獨立測得兩邊之夾角 θ，其中誤差為 m_θ，試推導三角形面
積中誤差公式。（20 分）

（106 高考-測量學#3）

參考題解

面積計算公式為：$S = \dfrac{1}{2} \cdot a \cdot b \cdot \sin\theta$

面積微分式為：$dS = (\dfrac{1}{2} \cdot b \cdot \sin\theta) \cdot da + (\dfrac{1}{2} \cdot a \cdot \sin\theta) \cdot db + (\dfrac{1}{2} \cdot a \cdot b \cdot \cos\theta) \cdot \dfrac{d\theta}{\rho''}$

以矩陣表示如下：

$$ds = \begin{bmatrix} \dfrac{1}{2} b \cdot \sin\theta & \dfrac{1}{2} a \cdot \sin\theta & \dfrac{1}{2} a \cdot b \cdot \cos\theta \end{bmatrix} \begin{bmatrix} da \\ db \\ \dfrac{d\theta}{\rho''} \end{bmatrix}$$

誤差傳播式如下：

$$m_S = \frac{1}{2} \cdot \begin{bmatrix} b \cdot \sin\theta & a \cdot \sin\theta & a \cdot b \cdot \cos\theta \end{bmatrix} \cdot \begin{bmatrix} m_a^2 & m_{ab} & 0 \\ m_{ab} & m_b^2 & 0 \\ 0 & 0 & m_\theta^2 \end{bmatrix} \cdot \frac{1}{2} \cdot \begin{bmatrix} b \cdot \sin\theta \\ a \cdot \sin\theta \\ a \cdot b \cdot \cos\theta \end{bmatrix}$$

$$= \frac{1}{4} \cdot [(b \cdot \sin\theta)^2 \cdot m_a^2 + 2a \cdot b \cdot \sin^2\theta \cdot m_{ab} + (a \cdot \sin\theta)^2 \cdot m_b^2 + (a \cdot b \cdot \cos\theta)^2 \cdot m_\theta^2]$$

二、設 A 的坐標及標準差（Standard Deviation）分別為 A（$X_A \pm \sigma_{X_A}$ 公尺，$Y_A \pm \sigma_{Y_A}$ 公尺），AB 之方位角為 φ_{AB} 其標準差為 $\sigma_{\varphi_{AB}}$（單位：秒），AB 之距離 S_{AB} 其標準差為 $\sigma_{S_{AB}}$ 公尺，試計算 B 點坐標（5 分），並推求其標準差？（15 分）

（106 普考-測量學概要#1）

參考題解

$$X_B = X_A + S_{AB} \times \sin \varphi_{AB}$$

$$\frac{\partial X_B}{\partial X_A} = 1$$

$$\frac{\partial X_B}{\partial S_{AB}} = \sin \varphi_{AB}$$

$$\frac{\partial X_B}{\partial \varphi_{AB}} = S_{AB} \times \cos \varphi_{AB}$$

$$\sigma_{X_B} = \pm \sqrt{(\frac{\partial X_B}{\partial X_A})^2 \cdot \sigma_{X_A}^2 + (\frac{\partial X_B}{\partial S_{AB}})^2 \cdot \sigma_{S_{AB}}^2 + (\frac{\partial X_B}{\partial \varphi_{AB}})^2 \cdot (\frac{\sigma_{\varphi_{AB}}}{\rho''})^2}$$

$$= \pm \sqrt{\sigma_{X_A}^2 + \sin^2 \varphi_{AB} \cdot \sigma_{S_{AB}}^2 + (S_{AB} \times \cos \varphi_{AB})^2 \cdot (\frac{\sigma_{\varphi_{AB}}}{\rho''})^2}$$

$$Y_B = Y_A + S_{AB} \times \cos \varphi_{AB}$$

$$\frac{\partial Y_B}{\partial Y_A} = 1$$

$$\frac{\partial Y_B}{\partial S_{AB}} = \cos \varphi_{AB}$$

$$\frac{\partial Y_B}{\partial \varphi_{AB}} = -S_{AB} \times \sin \varphi_{AB}$$

$$\sigma_{Y_B} = \pm \sqrt{(\frac{\partial Y_B}{\partial Y_A})^2 \cdot \sigma_{X_A}^2 + (\frac{\partial Y_B}{\partial S_{AB}})^2 \cdot \sigma_{S_{AB}}^2 + (\frac{\partial Y_B}{\partial \varphi_{AB}})^2 \cdot (\frac{\sigma_{\varphi_{AB}}}{\rho''})^2}$$

$$= \pm \sqrt{\sigma_{Y_A}^2 + (\cos \varphi_{AB})^2 \cdot \sigma_{S_{AB}}^2 + (-S_{AB} \times \sin \varphi_{AB})^2 \cdot (\frac{\sigma_{\varphi_{AB}}}{\rho''})^2}$$

$$= \pm \sqrt{\sigma_{Y_A}^2 + \cos^2 \varphi_{AB} \cdot \sigma_{S_{AB}}^2 + (S_{AB} \times \sin \varphi_{AB})^2 \cdot (\frac{\sigma_{\varphi_{AB}}}{\rho''})^2}$$

三、示意如圖,已知 A 點坐標且假設無誤差,AB 之方位角及誤差為 $25°00'00'' \pm 20.6''$,觀測水平角 θ 及水平距 d 以求 P 點坐標。

若 $\theta = 100°00'00'' \pm 20.6''$,$d = 100.000m \pm 0.014m$,計算 P 點坐標二分量之中誤差。(20 分)

(106 四等-測量學概要#1)

參考題解

(一) $N_P = N_A + d \times \cos\theta$

因已知 A 點坐標且假設無誤差,故 P 點 N 坐標中誤差計算如下:

$$\frac{\partial N_P}{\partial d} = \cos\theta = \cos 100°00'00'' = -0.173648177$$

$$\frac{\partial N_P}{\partial \theta} = -d \times \sin\theta = -100.000 \times \sin 100°00'00'' = -98.4807753m$$

$$M_N = \pm\sqrt{(\frac{\partial N_P}{\partial d})^2 \times M_d^2 + (\frac{\partial N_P}{\partial \theta})^2 \times (\frac{M_\theta}{\rho''})^2}$$
$$= \pm\sqrt{(-0.173648177)^2 \times (0.014)^2 + (-98.4807753)^2 \times (\frac{20.6''}{206265''})^2} = \pm 0.010m$$

(二) 因已知 A 點坐標且假設無誤差,故 P 點 E 坐標中誤差計算如下:

$$\frac{\partial E_P}{\partial d} = \sin\theta = \cos 100°00'00'' = 0.984807753$$

$$\frac{\partial E_P}{\partial \theta} = d \times \cos\theta = 100.000 \times \cos 100°00'00'' = -17.36481777m$$

$$M_E = \pm\sqrt{(\frac{\partial E_P}{\partial d})^2 \times M_d^2 + (\frac{\partial E_P}{\partial \theta})^2 \times (\frac{M_\theta''}{\rho''})^2}$$
$$= \pm\sqrt{(0.984807753)^2 \times (0.014)^2 + (-17.36481777)^2 \times (\frac{20.6''}{206265''})^2} = \pm 0.014m$$

四、於二維平面直角坐標系統(E, N)中，已知 A、B 二點之坐標分別為($20.00, 10.00$)、
($100.00, 70.00$)（單位：m），於 AB 直線上二點之間以皮卷尺測得 D 點及其右側垂直
方向上 C 點之支距離分別為 $\overline{AD} = 30.00 \pm 0.05m$、$\overline{DC} = 40.00 \pm 0.05m$，若垂直角之觀
測中誤差為 $\sigma_\alpha = \pm 10''$，試計算 D 點、C 點之平面坐標及其誤差為何？（25 分）

（107 高考-測量學#3）

參考題解

方位角 $\phi_{AB} = \phi_{AD} = \tan^{-1}\dfrac{100.00-10.00}{70.00-20.00} = 60°56'43''$

D 點坐標計算及其中誤差如下：

$$E_D = E_A + \overline{AD} \times \sin\phi_{AD} = 10.00 + 30.00 \times \sin 60°56'43'' = 36.225m \approx 36.23m$$

$$N_D = E_A + \overline{AD} \times \cos\phi_{AD} = 20.00 + 30.00 \times \cos 60°56'43'' = 34.569m \approx 34.57m$$

因 A、B 二點之坐標無誤差，故方位角 ϕ_{AD} 亦無誤差。

$$\frac{\partial E_D}{\partial \overline{AD}} = \sin\phi_{\overline{AD}} = \sin 60°56'43'' = 0.87415$$

$$\frac{\partial N_D}{\partial \overline{AD}} = \cos\phi_{\overline{AD}} = \cos 60°56'43'' = 0.48564$$

$$M_{E_D} = \pm\sqrt{(\frac{\partial E_D}{\partial \overline{AD}})^2 \times M_{\overline{AD}}^2} = \pm\sqrt{0.87415^2 \times 0.05^2} = \pm 0.0437m \approx \pm 0.04m$$

$$M_{N_D} = \pm\sqrt{(\frac{\partial N_D}{\partial \overline{AD}})^2 \times M_{\overline{AD}}^2} = \pm\sqrt{0.48564^2 \times 0.05^2} = \pm 0.0243m \approx \pm 0.02m$$

C 點坐標計算及其中誤差如下：

設 C 點在 $\overrightarrow{AB}$ 視線方向的右側，則方位角 $\phi_{CD} = \phi_{AD} + 90° = 150°56'43''$

$$E_C = E_D + \overline{CD} \times \sin\phi_{CD} = 36.23 + 40.00 \times \sin 150°56'43'' = 55.6557m \approx 55.66m$$

$$N_C = E_D + \overline{CD} \times \cos\phi_{CD} = 34.57 + 40.00 \times \cos 150°56'43'' = -0.396m \approx -0.40m$$

因方位角 ϕ_{AB} 無誤差，故方位角 ϕ_{AD} 亦無誤差。

$$\frac{\partial E_C}{\partial \overline{CD}} = \sin\phi_{\overline{CD}} = \sin 150°56'43'' = 0.48564$$

$$\frac{\partial N_C}{\partial \overline{CD}} = \cos\phi_{\overline{CD}} = \cos 150°56'43'' = -0.87415$$

$$M_{E_C} = \pm\sqrt{(\frac{\partial E_C}{\partial CD})^2 \times M_{CD}^2} = \pm\sqrt{0.48564^2 \times 0.05^2} = \pm 0.0243m \approx \pm 0.02m$$

$$M_{N_C} = \pm\sqrt{(\frac{\partial N_C}{\partial CD})^2 \times M_{CD}^2} = \pm\sqrt{(-0.87415)^2 \times 0.05^2} = \pm 0.0437m \approx \pm 0.04m$$

五、在二維平面直角坐標系(X, Y)中，已知五邊形 ABCDE 各角點坐標分別為 A
(0.00, 391.78)、B (225.72, 747.78)、C (616.54, 592.01)、D (423.21, 0.00)、E
(225.10, 110.00)（單位：m），若各點平面坐標含有中誤差 $\pm 0.05m$，試依坐標法計算
此五邊形 ABCDE 之面積及中誤差為何？（25 分）

（107 高考-測量學#4）

參考題解

五邊形 ABCDE 之面積 S 如下：

$$S = \frac{1}{2}[(X_A + X_B)(Y_A - Y_B) + (X_B + X_C)(Y_B - Y_C) + (X_C + X_D)(Y_C - Y_D)$$
$$+ (X_D + X_E)(Y_D - Y_E) + (X_E + X_A)(Y_E - Y_A)]$$
$$= \frac{1}{2}[(0.00 + 225.72)(391.78 - 747.78) + (225.72 + 616.54)(747.78 - 592.01)$$
$$+ (616.54 + 423.21)(592.01 - 0.00) + (423.21 + 225.10)(0.00 - 110.00)$$
$$+ (225.10 + 0.00)(110.00 - 391.78)]$$
$$= 265821.07 \ m^2$$

$$\frac{\partial S}{\partial X_A} = \frac{1}{2}(Y_E - Y_B) = \frac{1}{2}(110.00 - 747.78) = -319.39m$$

$$\frac{\partial S}{\partial Y_A} = \frac{1}{2}(X_B - X_E) = \frac{1}{2}(225.72 - 225.10) = 0.31m$$

$$\frac{\partial S}{\partial X_B} = \frac{1}{2}(Y_A - Y_C) = \frac{1}{2}(371.78 - 592.01) = -110.115m$$

$$\frac{\partial S}{\partial Y_B} = \frac{1}{2}(X_C - X_A) = \frac{1}{2}(616.54 - 0.00) = 308.27m$$

$$\frac{\partial S}{\partial X_C} = \frac{1}{2}(Y_B - Y_D) = \frac{1}{2}(747.78 - 0.00) = 373.89m$$

$$\frac{\partial S}{\partial Y_C} = \frac{1}{2}(X_D - X_B) = \frac{1}{2}(423.21 - 225.72) = 98.745m$$

$$\frac{\partial S}{\partial X_D} = \frac{1}{2}(Y_C - Y_E) = \frac{1}{2}(592.01 - 110.00) = 241.005m$$

$$\frac{\partial S}{\partial Y_D} = \frac{1}{2}(X_E - X_C) = \frac{1}{2}(225.10 - 616.54) = -195.72m$$

$$\frac{\partial S}{\partial X_E} = \frac{1}{2}(Y_D - Y_A) = \frac{1}{2}(0.00 - 391.78) = -195.89m$$

$$\frac{\partial S}{\partial Y_E} = \frac{1}{2}(X_A - X_D) = \frac{1}{2}(0.00 - 423.21) = -211.605m$$

$$M_S = \pm\sqrt{(\frac{\partial S}{\partial X_A})^2 \cdot m^2 + (\frac{\partial S}{\partial X_B})^2 \cdot m^2 + (\frac{\partial S}{\partial X_C})^2 \cdot m^2 + (\frac{\partial S}{\partial X_D})^2 \cdot m^2 + (\frac{\partial S}{\partial X_E})^2 \cdot m^2}$$

$$\overline{+(\frac{\partial S}{\partial Y_A})^2 \cdot m^2 + (\frac{\partial S}{\partial Y_B})^2 \cdot m^2 + (\frac{\partial S}{\partial Y_C})^2 \cdot m^2 + (\frac{\partial S}{\partial Y_D})^2 \cdot m^2 + (\frac{\partial S}{\partial Y_E})^2 \cdot m^2}$$

$$= \pm m \cdot \sqrt{(Y_E - Y_B)^2 + (Y_A - Y_C)^2 + (Y_B - Y_D)^2 + (Y_C - Y_E)^2 + (Y_D - Y_A)^2}$$

$$\overline{+(X_B - X_E)^2 + (X_C - X_A)^2 + (X_D - X_B)^2 + (X_E - X_C)^2 + (X_A - X_D)^2}$$

$$= \pm 0.05 \cdot \sqrt{(-319.39)^2 + (-110.115)^2 + 373.89^2 + 241.005^2 + (-195.89^2)}$$

$$\overline{+0.31^2 + 308.27^2 + 98.745^2 + (-195.72)^2 + (-211.605)^2}$$

$$= \pm 36.38m^2$$

六、工程師量測下圖所示之圓柱形橋墩，獲得該圓柱體半徑 R 為 3.60 公尺，高度 H 為 12.50 公尺，並已知所有距離量測值都帶有±0.1%的隨機誤差，請計算該圓柱橋墩之體積 V 與柱體表面積 A（深色標示部分，不含上下兩個圓面），以及 V 與 A 的誤差估計。（25 分）

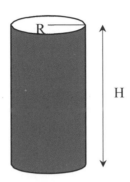

（107 土技-工程測量#2）

參考題解

圓柱體半徑 R 的隨機誤差為 $M_R = \pm(3.60 \times 0.1\%) = \pm0.36m$

圓柱體高度 H 的隨機誤差為 $M_H = \pm(12.5 \times 0.1\%) = \pm1.25m$

圓柱橋墩之體積 $V = \pi R^2 H = \pi \times 3.60^2 \times 12.50 = 508.94m^3$

$$\frac{\partial V}{\partial R} = 2\pi RH = 2\pi \times 3.60 \times 12.50 = 282.74m^2$$

$$\frac{\partial V}{\partial H} = \pi R^2 = \pi \times 3.60^2 = 40.72m^2$$

體積 V 的誤差估計如下：

$$M_V = \pm\sqrt{(\frac{\partial V}{\partial R})^2 \times M_R^2 + (\frac{\partial V}{\partial H})^2 \times M_H^2} = \pm\sqrt{(282.74)^2 \times (0.36)^2 + (40.72)^2 \times (1.25)^2} = \pm113.80m^3$$

圓柱橋墩之表面積 $A = 2\pi RH = 2\pi \times 3.60 \times 12.50 = 282.74m^2$

$$\frac{\partial A}{\partial R} = 2\pi H = 2\pi \times 12.50 = 78.54m$$

$$\frac{\partial A}{\partial H} = 2\pi R = 2\pi \times 3.60 = 22.62m$$

表面積 A 的誤差估計如下：

$$M_V = \pm\sqrt{(\frac{\partial A}{\partial R})^2 \times M_R^2 + (\frac{\partial A}{\partial H})^2 \times M_H^2} = \pm\sqrt{(78.54)^2 \times (0.36)^2 + (22.62)^2 \times (1.25)^2} = \pm39.99m^2$$

七、一矩形採以下兩種方式測量,長度測量單位均為公尺:

(1)長及寬測量所得之標準(偏)差分別為 $\pm \sigma_a$ 及 $\pm \sigma_b$;

(2)四個邊長均測量,兩長及兩寬測量所得之標準(偏)差分別為 $\pm \sigma_{a1}$,

$\pm \sigma_{a2}$,$\pm \sigma_{b1}$,$\pm \sigma_{b2}$,其中 $\sigma_{a1} = \sigma_{a2} = \sigma_a$;$\sigma_{b1} = \sigma_{b2} = \sigma_b$,

(一)分別計算(1)與(2)之周長標準(偏)差。(15 分)

(二)那一種測量方式所得周長品質較佳?其原因為何?(10 分)

(108 高考-測量學#3)

參考題解

(一)(1) 周長 $L_1 = 2a + 2b$

$$\frac{\partial L_1}{\partial a} = 2 \quad , \quad \frac{\partial L_1}{\partial b} = 2$$

$$\sigma_{L_1} = \pm \sqrt{(\frac{\partial L_1}{\partial a})^2 \cdot \sigma_a^2 + (\frac{\partial L_1}{\partial b})^2 \cdot \sigma_b^2} = \pm \sqrt{2^2 \times \sigma_a^2 + 2^2 \times \sigma_b^2} = \pm 2 \times \sqrt{\sigma_a^2 + \sigma_b^2}$$

(2) 兩長平均值 $\overline{a} = \frac{a_1 + a_2}{2} = \frac{1}{2}a_1 + \frac{1}{2}a_2$

$$\frac{\partial \overline{a}}{\partial a_1} = \frac{1}{2} \quad , \quad \frac{\partial \overline{a}}{\partial a_2} = \frac{1}{2}$$

$$\sigma_{\overline{a}} = \pm \sqrt{(\frac{\partial \overline{a}}{\partial a_1})^2 \cdot \sigma_{a_1}^2 + (\frac{\partial \overline{a}}{\partial a_2})^2 \cdot \sigma_{a_2}^2} = \pm \sqrt{(\frac{1}{2})^2 \times \sigma_a^2 + (\frac{1}{2})^2 \times \sigma_a^2} = \pm \frac{\sigma_a}{\sqrt{2}}$$

兩寬平均值 $\overline{b} = \frac{b_1 + b_2}{2} = \frac{1}{2}b_1 + \frac{1}{2}b_2$

$$\frac{\partial \overline{b}}{\partial b_1} = \frac{1}{2} \quad , \quad \frac{\partial \overline{b}}{\partial b_2} = \frac{1}{2}$$

$$\sigma_{\overline{b}} = \pm \sqrt{(\frac{\partial \overline{b}}{\partial b_1})^2 \cdot \sigma_{b_1}^2 + (\frac{\partial \overline{b}}{\partial b_2})^2 \cdot \sigma_{b_2}^2} = \pm \sqrt{(\frac{1}{2})^2 \times \sigma_b^2 + (\frac{1}{2})^2 \times \sigma_b^2} = \pm \frac{\sigma_b}{\sqrt{2}}$$

周長 $L_2 = 2\overline{a} + 2\overline{b}$

$$\frac{\partial L_2}{\partial \overline{a}} = 2 \quad , \quad \frac{\partial L_2}{\partial \overline{b}} = 2$$

$$\sigma_{L_2} = \pm \sqrt{(\frac{\partial L_2}{\partial \overline{a}})^2 \cdot \sigma_{\overline{a}}^2 + (\frac{\partial L_2}{\partial \overline{b}})^2 \cdot \sigma_{\overline{b}}^2} = \pm \sqrt{2^2 \times (\frac{\sigma_a}{\sqrt{2}})^2 + 2^2 \times (\frac{\sigma_b}{\sqrt{2}})^2} = \pm \sqrt{2} \times \sqrt{\sigma_a^2 + \sigma_b^2}$$

(二)因為 $\sigma_{L_2} < \sigma_{L_1}$,故第(2)種測量方式所得周長品質較佳。

八、今欲測量一正方形工地的面積，假設以某部儀器觀測該正方形邊長 a 的中誤差為 σ：

（一）若欲控制該工地面積的中誤差不得大於 σ_A，在僅觀測一次正方形邊長的情形下，請說明 σ 與 σ_A 之間須滿足何種關係？（10 分）

（二）若上述關係無法滿足，在使用同一部儀器的狀況下，請提出可採取的觀測策略並說明理由。（15 分）

（108 土技-工程測量#1）

參考題解

（一）正方形邊長為 a，故正方形面積 $A = a^2$，則

$$\frac{\partial A}{\partial a} = 2a$$

$$\sigma_A = \pm\sqrt{(\frac{\partial A}{\partial a})^2 \cdot \sigma^2} = \pm\sqrt{(2a)^2 \cdot \sigma^2} = 2a \cdot \sigma$$

若欲控制該工地面積的中誤差不得大於 σ_A，在僅觀測一次正方形邊長的情形下，則 σ 與 σ_A 之間須滿足的關係為：$\sigma \le \dfrac{\sigma_A}{2a}$。

（二）若上述關係無法滿足，在使用同一部儀器的狀況下，可以採用量測正方形二個獨立邊長 a_1 和 a_2 的策略，如圖示，故正方形面積 $A' = a_1 \cdot a_2$，則

$$\frac{\partial A'}{\partial a_1} = a_2 \qquad \frac{\partial A'}{\partial a_2} = a_1$$

$$\sigma'_A = \pm\sqrt{(\frac{\partial A'}{\partial a_1})^2 \cdot \sigma^2 + (\frac{\partial A'}{\partial a_2})^2 \cdot \sigma^2} = \pm\sqrt{a_2^2 \cdot \sigma^2 + a_1^2 \cdot \sigma^2}$$

令 $a_1 = a_2 = a$，則得

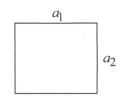

$$\sigma'_A = \pm\sqrt{a_2^2 \cdot \sigma^2 + a_1^2 \cdot \sigma^2} = \pm\sqrt{a^2 \cdot \sigma^2 + a^2 \cdot \sigma^2} = \pm\sqrt{2}a \cdot \sigma < \sigma_A$$

由上式得知，採用量測正方形二個獨立邊長的策略，正方形面積的精度將提高 $\sqrt{2}$ 倍。

九、若 A 點的（縱, 橫坐標）無誤差，並表示為(N_A, E_A)，B 點的（縱, 橫坐標）坐標表示為$(N_B \pm \sigma_{N_B}, E_B \pm \sigma_E)$，其中 σ_{N_B} 與 σ_{E_B} 分別為 B 坐標的中誤差，假設兩者不相關。

若 A 到 B 的距離表示為 $S_{AB} = \sqrt{(N_B - N_A)^2 + (E_B - E_A)^2}$，則請列式推導表示 S_{AB} 的中誤差 $\sigma_{S_{AB}}$。（25 分）

（108 四等-測量學概要#4）

參考題解

$$\Delta N = N_B - N_A$$

$$\frac{\partial \Delta N}{\partial N_B} = 1$$

$$\sigma_{\Delta N} = \pm\sqrt{(\frac{\partial \Delta N}{\partial N_B})^2 \cdot \sigma_{N_B}^2} = \pm\sigma_{N_B}$$

$$\Delta E = E_B - E_A$$

$$\frac{\partial \Delta E}{\partial E_B} = 1$$

$$\sigma_{\Delta E} = \pm\sqrt{(\frac{\partial \Delta E}{\partial E_B})^2 \cdot \sigma_{E_B}^2} = \pm\sigma_{E_B}$$

$$S_{AB} = \sqrt{(N_B - N_A)^2 + (E_B - E_A)^2} = (\Delta N^2 + \Delta E^2)^{1/2}$$

$$\frac{\partial S_{AB}}{\partial \Delta N} = \frac{\Delta N}{S_{AB}}$$

$$\frac{\partial S_{AB}}{\partial \Delta E} = \frac{\Delta E}{S_{AB}}$$

$$\sigma_{S_{AB}} = \pm\sqrt{(\frac{\partial S_{AB}}{\partial \Delta N})^2 \cdot \sigma_{\Delta N}^2 + (\frac{\partial S_{AB}}{\partial \Delta E})^2 \cdot \sigma_{\Delta E}^2} = \pm\sqrt{(\frac{\Delta N}{S_{AB}})^2 \cdot \sigma_{N_B}^2 + (\frac{\Delta E}{S_{AB}})^2 \cdot \sigma_{E_B}^2}$$

$$= \pm\sqrt{(\frac{N_B - N_A}{S_{AB}})^2 \cdot \sigma_{N_B}^2 + (\frac{E_B - E_A}{S_{AB}})^2 \cdot \sigma_{E_B}^2}$$

十、某人以測角精度 ± 5″、測距精度 ±(2mm+3ppm) 之全測站由 A 點(E$_A$, N$_A$) = (100.000 m, 200.000 m) 觀測 B 點坐標，得方位角 ∠P 為 45°30′00″，水平距 S 為 320.051 m。請計算 B 點之坐標以及其精度。（25 分）

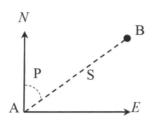

（109 土技-工程測量#2）

參考題解

（一）$E_B = E_A + S \times \sin \angle P = 100.000 + 320.051 \times \sin 45°30′00″ = 328.277m$

$N_B = N_A + S \times \cos \angle P = 200.000 + 320.051 \times \cos 45°30′00″ = 424.327m$

（二）A 點未給中誤差，視為無誤。

$$M_S = \pm\sqrt{2^2 + (3\times10^{-6}\times3.20051\times10^5)^2} = \pm0.002m$$

$$\frac{\partial E_B}{\partial S} = \sin \angle P = \sin 45°30′00″ = 0.71325$$

$$\frac{\partial E_B}{\partial \angle P} = S \times \cos \angle P = 320.051 \times \cos 45°30′00″ = 224.327m$$

$$M_{E_B} = \pm\sqrt{(\frac{\partial E_B}{\partial S})^2 \cdot M_S^2 + (\frac{\partial E_B}{\partial \angle P})^2 \cdot (\frac{M''_{\angle P}}{\rho''})^2} = \pm\sqrt{(0.71325)^2 \cdot 0.002^2 + (224.327)^2 \cdot (\frac{5''}{\rho''})^2}$$
$$= \pm0.006m$$

$$\frac{\partial N_B}{\partial S} = \cos \angle P = \cos 45°30′00″ = 0.70091$$

$$\frac{\partial N_B}{\partial \angle P} = -S \times \sin \angle P = -320.051 \times \sin 45°30′00″ = 228.277m$$

$$M_{N_B} = \pm\sqrt{(\frac{\partial N_B}{\partial S})^2 \cdot M_S^2 + (\frac{\partial N_B}{\partial \angle P})^2 \cdot (\frac{M''_{\angle P}}{\rho''})^2} = \pm\sqrt{(0.70091)^2 \cdot 0.002^2 + (228.277)^2 \cdot (\frac{5''}{\rho''})^2}$$
$$= \pm0.006m$$

十一、有一三角形如圖所示，其中 AB 為已知點，假設點位沒有誤差，其 EN 坐標分別為
A（1000.00 m，800.00 m）、B（1250.00 m，1100.00 m），觀測得夾角及中誤差為
∠α = 53°18'24" ±20"，∠β = 49°38'46" ±20"，請計算 AC 邊長及其中誤差。（20 分）

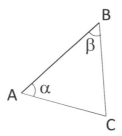

（109 四等-測量學概要#2）

參考題解

$$\overline{AB} = \sqrt{(1250.00 - 1000.00)^2 + (1100.00 - 800.00)^2} = 390.51m$$

$$\overline{AC} = \overline{AB} \times \frac{\sin\beta}{\sin(180° - \alpha - \beta)} = \overline{AB} \times \frac{\sin\beta}{\sin(\alpha + \beta)}$$

$$= 390.51 \times \frac{\sin 49°38'46''}{\sin(53°18'24'' + 49°38'46'')} = 305.36m$$

$$\frac{\partial \overline{AC}}{\partial \alpha} = \overline{AB} \times \frac{-\cos(\alpha + \beta) \cdot \sin\beta}{\sin^2(\alpha + \beta)}$$

$$= 390.51 \times \frac{-\cos(53°18'24'' + 49°38'46'') \cdot \sin 49°38'46''}{\sin^2(53°18'24'' + 49°38'46'')} = 70.233m$$

$$\frac{\partial \overline{AC}}{\partial \beta} = \overline{AB} \times \left(\frac{\cos\beta}{\sin(\alpha + \beta)} + \frac{-\cos(\alpha + \beta) \cdot \sin\beta}{\sin^2(\alpha + \beta)}\right)$$

$$= 390.51 \times \left(\frac{\cos 49°38'46''}{\sin(53°18'24'' + 49°38'46'')} + \frac{-\cos(53°18'24'' + 49°38'46'') \cdot \sin 49°38'46''}{\sin^2(53°18'24'' + 49°38'46'')}\right)$$

$$= 329.963m$$

$$M_{\overline{AC}} = \pm\sqrt{\left(\frac{\partial \overline{AC}}{\partial \alpha}\right)^2 \cdot \left(\frac{M''_\alpha}{\rho''}\right)^2 + \left(\frac{\partial \overline{AC}}{\partial \beta}\right)^2 \cdot \left(\frac{M''_\beta}{\rho''}\right)^2}$$

$$= \pm\sqrt{(70.233)^2 \times \left(\frac{20''}{\rho''}\right)^2 + (329.963)^2 \times \left(\frac{20''}{\rho''}\right)^2} = \pm 0.03m$$

十二、於二維水平面中測量不共線三點 A、B、C 間之水平距離分別為 $AB = 102.32\ m$、$AC = 140.24\ m$、$BC = 192.54\ m$，若距離觀測為獨立且中誤差均為 $\pm 0.05\ m$，試求三角形面積及其中誤差。（25 分）

(110 高考-測量學#2)

參考題解 ///

設 $AB = c$、$AC = b$、$BC = a$，則依海龍公式計算三角形面積如下：

$$S = \frac{1}{2}(a+b+c) = \frac{1}{2}(192.54 + 140.24 + 102.32) = 217.55m$$

$$M = \sqrt{S(S-a)(S-b)(S-c)}$$
$$= \sqrt{217.55 \times (217.55 - 192.54) \times (217.55 - 140.24) \times (217.55 - 102.32)}$$
$$= 6962.05m^2$$

將 S 帶入公式展開得：

$$M = \sqrt{S^4 - S^3 \cdot a - S^3 \cdot b - S^3 \cdot c + S^2 \cdot a \cdot b + S^2 \cdot b \cdot c + S^2 \cdot a \cdot c - S \cdot a \cdot b \cdot c}$$

$$\frac{\partial M}{\partial a} = \frac{1}{2M}(-S^3 + S^2 \cdot b + S^2 \cdot c - S \cdot b \cdot c) = -139.185m$$

$$\frac{\partial M}{\partial b} = \frac{1}{2M}(-S^3 + S^2 \cdot a + S^2 \cdot c - S \cdot a \cdot c) = -45.027m$$

$$\frac{\partial M}{\partial c} = \frac{1}{2M}(-S^3 + S^2 \cdot a + S^2 \cdot b - S \cdot a \cdot b) = -30.209m$$

$$\sigma_M = \pm\sqrt{(\frac{\partial M}{\partial a})^2 \times \sigma_a^2 + (\frac{\partial M}{\partial b})^2 \times \sigma_b^2 + (\frac{\partial M}{\partial c})^2 \times \sigma_c^2}$$
$$= \pm\sqrt{(-458.372)^2 \times 0.05^2 + (-1042.649)^2 \times 0.05^2 + (-1156.129)^2 \times 0.05^2}$$
$$= \pm 7.47m^2$$

十三、 若以 n 種不同精度之經緯儀測量同一水平角之觀測量（Observations）及其權重分別以 L_i、 p_i， $i=1,2,...,n$ 表示，試計算觀測量之最或是值、剩餘誤差、平均誤差、單位權中誤差及觀測量最或是值中誤差。（25 分）

（110 普考-測量學概要#4）

參考題解

最或是值 $X = \dfrac{P_1 \cdot L_1 + P_2 \cdot L_2 + \cdots + P_n \cdot L_n}{P_1 + P_2 + \cdots + P_n} = \dfrac{[PL]}{[P]}$

剩餘誤差 $V_i = X - L_i$， $i = 1, 2, ..., n$

平均誤差 $t = \pm \dfrac{|V_1| + |V_2| + \cdots + |V_n|}{n} = \pm \dfrac{[|V|]}{n}$

單位權中誤差 $m = \pm \sqrt{\dfrac{P_1 \cdot V_1 + P_2 \cdot V_2 + \cdots + P_n \cdot V_n}{n-1}} = \pm \sqrt{\dfrac{[PV V]}{n-1}}$

最或是值中誤差 $M = \pm \sqrt{\dfrac{P_1 \cdot V_1 + P_2 \cdot V_2 + \cdots + P_n \cdot V_n}{(P_1 + P_2 + \cdots + P_n) \cdot (n-1)}} = \pm \sqrt{\dfrac{[PV V]}{[P] \cdot (n-1)}}$

十四、 為求一游泳池之容量，以捲尺量測其長邊、寬邊及深度，分別為：50.00 m、25.00 m 及 2.20 m。已知該捲尺之率定精度為 1 cm + 20 ppm，請回答下列問題：

（一）該游泳池之容量為多少加侖（1 公升等於 0.264172 加侖，答案應考慮有效位數）。（9 分）

（二）該容量中誤差（或稱標準差）為多少加侖？（8 分）

（三）若上述長、寬、深度之數值，均各由 4 次獨立不相關的觀測取算術平均數而得，則該容量中誤差為多少加侖？（8 分）

（110 四等-測量學概要#3）

參考題解

（一）游泳池之容量 $V = a \times b \times d = 50.00 \times 25.00 \times 2.20 = 2750 \ m^3 = 2750000$ 公升

　　　 $2750000 \times 0.264172 = 726473$ 加侖

（二）長邊中誤差 $M_a = \pm \sqrt{10^2 + (20 \times 10^{-6} \times 50000)^2} = \pm 14 \ mm = \pm 0.014 \ m$

　　　 寬邊中誤差 $M_b = \pm \sqrt{10^2 + (20 \times 10^{-6} \times 25000)^2} = \pm 10 \ mm = \pm 0.010 \ m$

　　　 深度中誤差 $M_d = \pm \sqrt{10^2 + (20 \times 10^{-6} \times 2200)^2} = \pm 10 \ mm = \pm 0.010 \ m$

$$\frac{\partial V}{\partial a} = b \times d = 25.00 \times 2.20 = 55.0 \ m^2$$

$$\frac{\partial V}{\partial b} = a \times d = 50.00 \times 2.20 = 110.0 \ m^2$$

$$\frac{\partial V}{\partial d} = a \times b = 50.00 \times 25.00 = 1250 \ m^2$$

$$M_V = \pm \sqrt{(\frac{\partial V}{\partial a})^2 \times M_a^2 + (\frac{\partial V}{\partial b})^2 \times M_b^2 + (\frac{\partial V}{\partial d})^2 \times M_d^2}$$

$$= \pm \sqrt{55.0^2 \times 0.014^2 + 110.0^2 \times 0.010^2 + 1250^2 \times 0.010^2}$$

$$= \pm 12.57 \ m^3$$

$$= \pm 12.57 \times 1000 \times 0.264172 \ 加侖$$

$$= \pm 3320 \ 加侖$$

（三）$M_a = \pm \dfrac{0.014}{\sqrt{4}} = \pm 0.007 \ m$

$$M_b = \pm \frac{0.010}{\sqrt{4}} = \pm 0.005 \ m$$

$$M_d = \pm \frac{0.010}{\sqrt{4}} = \pm 0.005 \ m$$

$$M_V = \pm \sqrt{(\frac{\partial V}{\partial a})^2 \times M_a^2 + (\frac{\partial V}{\partial b})^2 \times M_b^2 + (\frac{\partial V}{\partial d})^2 \times M_d^2}$$

$$= \pm \sqrt{55.0^2 \times 0.007^2 + 110.0^2 \times 0.005^2 + 1250^2 \times 0.005^2}$$

$$= \pm 6.286 \ m^3$$

$$= \pm 6.286 \times 1000 \times 0.264172 \ 加侖$$

$$= \pm 1660 \ 加侖$$

Chapter 11 GPS

參考題解

一、請說明下列問題：

（一）在全球定位系統（Global Positioning System，GPS）之解算時，常會將遮蔽角（Maskangle）設定大於 10 度，其原因為何？（10 分）

（二）GPS 之動態定位法有兩種，通常後處理動態定位法（Post-Process Kinematic，PPK）之精度會優於即時動態定位法（Real-Time Kinematic，RTK）之精度，其原因為何？（10 分）

（106 高考－測量學#2）

參考題解

（一）衛星定位的誤差來源中，大氣層延遲誤差對定位精度影響甚大，衛星定位測量時若衛星高度角太低，衛星訊號通過大氣層的時間較久，大氣層延遲誤差會較大，因此將遮蔽角設定大於 10 度。

此外，觀測衛星的數量及其幾何分布也會影響定位精度，遮蔽角定在 10 度可以刪除高度角過低的衛星，避免上述大氣層延遲誤差影響之外，也能保證可用衛星的數量及幾何分佈結構。

（二）**即時動態定位法（RTK）**是利用載波相位進行即時差分的 GPS 定位技術，由基準站、移動站和無線電通訊設備組成。作業過程是在已知點架設 GPS 基準站記錄觀測資料，同時在未知點架設 GPS 移動站進行觀測，基準站將觀測資料由無線電即時傳送至移動站，再由移動站整合基準站觀測資料直接計算該點的坐標。

後處理動態定位法（PPK）是利用載波相位進行事後差分的 GPS 定位技術，由基準站和移動站組成。作業過程是在已知點架設 GPS 基準站記錄觀測資料，同時在未知點架設 GPS 移動站並通過初始化獲得固定解（解出週波未定值）之後，再依據規畫進行其他未知點位的數據觀測。內業處理時，整合基準站和移動站觀測資料便可如靜態測量般進行基線計算及平差處理，從而得到移動站各未知點的坐標。

RTK 測量方式會有移動站離基準站越遠定位誤差越大之情況，定位時僅能採用廣播星曆，無線電傳送基準站觀測資料會有觀測量延遲現象，也可能有求解不成功之問題。

PPK 並不考慮時效性，現場週波未定值解不出來的時候，便一直累加觀測量直到觀測量足夠解出週波未定值，內業解算時不會有求解不成功的問題，同時也可以採用精密星曆及較完整的誤差修正。因此，通常 PPK 之精度會優於 RTK。

二、何謂 VBS-RTK（Virtual Base Station-Real Time Kinematic）虛擬基準站即時動態定位技術（10 分）？其定位原理為何？（10 分）

（106 普考-測量學概要#2）

參考題解

VBS-RTK 之工作原理包含有：

（一）建立區域性系統誤差模型

以多個基站全天候連續接收衛星資料，再透過網路或其它通訊設備將資料傳輸至控制及計算中心後，將各基站觀測資料加以處理，建立區域性系統誤差模型。

（二）組成 VBS 虛擬觀測資料

使用者只需將移動站的導航解及接收的衛星資料透過手機或無線網路（GSM、GPRS）傳送給控制及計算中心，控制及計算中心便會於移動站附近虛擬一個基準站（一般採用移動站單點定位的導航解坐標），並就區域性系統誤差模型進行即時內插處理，再組成虛擬基準站的觀測資料。

（三）RTK 差分定位解算

將虛擬基準站的觀測數據與移動站的觀測資料進行『超短基線』RTK 定位解算後，即可獲得移動站公分級定位成果。

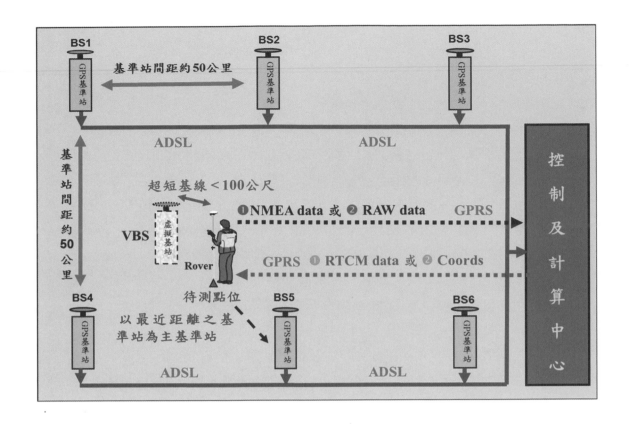

三、全球導航衛星系統（Global Navigation Satellite System）為日漸普及之現代化三維定位技術，某大型土木工程規劃擬採用此技術來測定某場址內之各點 TWVD 水準高程，請說明其施作程序以及必要之相關資料。（25分）

（107 土技-工程測量#4）

參考題解

GNSS 高程測量的到的高程系統是自橢球體的橢球面起算的幾何高，是不具備任何物理意義的純幾何空間距離。TWVD 水準高程系統是自大地水準面起算具備物理上位能觀念的高程系統，稱為正高系統，正高系統才是為一般工程建設所使用。幾何高（h）和正高（H）之間的差值即為大地起伏（N），三者的關係式為 $h = H + N$。

對於大型土木工程規劃擬採用 GNSS 技術測定場址內之各點的 TWVD 水準高程，其實作程序及必要相關資料整體概述如下：

（一）在場址周圍及內部均勻佈設多個水準點（數量則視後敘採用何種多項式），並自測區附近已知水準點引測新設水準點的正高值 H。

（二）可以採用靜態測量或 RTK 測量或網路 RTK 測量等方式測定各水準點的空間直角坐標 (X, Y, Z) 並經坐標轉換成大地經緯度和幾何高 (B, L, h)。

（三）對於特定區域的工程應用而言，一般可以採用以平面坐標為參數的多項式函數模型作為大地起伏值內差的依據，視測區的大小常用的多項式如下：

1. 零次多項式：$N = a_0$

2. 一次多項式：$N = a_0 + a_1 \cdot X + a_2 \cdot Y$

3. 二次多項式：$N = a_0 + a_1 \cdot X + a_2 \cdot Y + a_3 \cdot X^2 + a_4 \cdot Y^2 + a_5 \cdot X \cdot Y$

若採用零次多項式則至少需佈設 1 個水準點；若採用一次多項式則至少需佈設 3 個水準點；若採用二次多項式則至少需佈設 6 個水準點。

根據各水準點的正高值 H 和幾何高值 h 計算各水準點的大地起伏值 $N = h - H$，再配合各水準點的平面坐標(X, Y)建立各水準點的多項式，接著便聯立解算出各係數值 a。以二次多項式為例，若佈設的水準點多於 6 點，則解算過程須採平差計算。

（四）最後對其他測點實施 GNSS 測量，將各測點的平面坐標(X, Y)代入多項式計算該點的大地起伏 N 值後，再根據測點的幾何高 h 依下式計算該點的正高值：

$$H = h - N$$

上述處理程序稱為「多項式擬合法」，由於是一種並未考慮大地水準面的起伏變化的純幾何方法，故較適用於例如平原等大地水準面較為光滑的地區。多項式擬合法的大地起伏精度與佈設的水準點的分佈情況、數量、大地水準面的光滑度及水準點正高值的精度等因素相關。

四、試說明全球定位系統（Global Positioning System, GPS）單點定位靜態測量之基本概念與計算地面點三維坐標之觀測方程式。（25 分）

（107 普考-測量學概要#4）

參考題解

GPS 單點定位靜態測量之基本概念是僅用一部衛星接收儀靜止在單一點位上進行定位。因衛星的位置是已知的，在定位過程中相當於已知點，而 GPS 衛星定位則是利用測站（相當於未知點）與數顆衛星之間的空間距離為觀測量，進而決定測站的點位坐標，如右圖。故 GPS 衛星定位測量也可以說是空間距離的後方交會定位。空間距離是根據 GPS 衛星訊號（載波相位訊號或電碼訊號）獲知衛星訊號的傳播時間，則空間距離等於訊號傳播時間乘以光速。

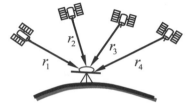

衛星定位需解算測點的三維坐標(X_R, Y_R, Z_R)和接收儀時錶誤差所造成的距離誤差量 Δr，因此至少必須觀測四顆衛星的空間距離。設觀測得四顆衛星的空間距離為 r_1、r_2、r_3、r_4，各顆

衛星已知的空間直角坐標值為：(X_i, Y_i, Z_i)，$i = 1、2、3、4$，地面測站的空間直角坐標值為：(X_R, Y_R, Z_R)，則空間距離方程式為：

$$r_1 + \Delta r = \sqrt{(X_1 - X_R)^2 + (Y_1 - Y_S)^2 + (Z_1 - Z_S)^2}$$
$$r_2 + \Delta r = \sqrt{(X_2 - X_R)^2 + (Y_2 - Y_S)^2 + (Z_2 - Z_S)^2}$$
$$r_3 + \Delta r = \sqrt{(X_3 - X_R)^2 + (Y_3 - Y_S)^2 + (Z_3 - Z_S)^2}$$
$$r_4 + \Delta r = \sqrt{(X_4 - X_R)^2 + (Y_4 - Y_S)^2 + (Z_4 - Z_S)^2}$$

五、在測量技術中利用 GNSS（Global Navigation Satellite System）進行點位坐標量測已被廣泛使用，以 GPS（Global Positioning System）系統進行點位測量為例，說明影響定位精度之誤差來源有那些？請說明之。（20 分）

（107 四等-測量學概要#5）

參考題解

衛星定位的精度與下列兩個因素有關：

（一）與觀測量相關的各項誤差

誤差來源	誤差種類	誤差產生原因
衛星 相關誤差	星曆（軌道）誤差	衛星廣播星曆所提供的衛星空間位置與衛星的實際位置不一致，導致定位成果的偏差。
	衛星時錶誤差	衛星的原子鐘與 GPS 標準時間之間仍存在著偏差或飄移，造成了時間的同步誤差。
訊號傳播 相關誤差	對流層延遲誤差	對流層會對無線電訊號產生折射的現象，造成訊號傳播時間的延遲，但此影響與訊號之頻率無關，但與衛星高度、測站緯度及高度相關。
	電離層延遲誤差	電離層內充滿了不穩定狀態的離子化粒子和電子，對 GPS 無線電訊號會有折射影響，導致衛星訊號的傳播時間延遲。電離層延遲誤差與觀測日期、季節、太陽黑子活動和衛星高度等因素相關。
	多路徑效應誤差	接收天線除了直接接收到衛星訊號外，同時也會接收到經周圍地物反射的間接訊號，兩種訊號因到達天線相位中心的時間不同步而存在著時間差和相位差，疊加在一起會引起測量點（天線相位中心）位置的變化。

誤差來源	誤差種類	誤差產生原因
接收儀 相關誤差	天線相位中心變化	在衛星定位中，觀測值是以天線的相位中心為準，理論上天線的相位中心應與其幾何中心應保持一致。實際上相位中心會隨著訊號的強度和方向的不同而改變，導致觀測瞬間的相位中心與幾何中心不一致。
	接收儀時錶誤差	衛星接收儀採用的時鐘，其穩定度與 GPS 的標準時間有較大的同步誤差，對定位成果影響甚鉅。
	週波未定值	載波相位測量在剛接收到衛星訊號時，無法得知載波訊號自衛星傳播到接收儀之過程中，共經歷了多少個整週波數，稱為週波未定值，必須精確獲得週波未定值，才能獲得高精度的定位成果。
	週波脫落	觀測過程因故中斷訊號的接收，致使應持續累積之整週波數不正確而無法定位或有極大的定位誤差，稱為週波脫落。
其他誤差	天線高量測誤差	由於天線的型式、廠牌不同，天線高量測的量測方式也不同，此誤差對精密控制測量的影響甚大。

（二）衛星的幾何分佈：觀測時的衛星幾何分佈狀態會影響定位精度，為了表示衛星分佈的幾何圖形結構對定位精度的影響，引入精度因子 DOP（Dilution of Precision）的概念，只要能使 DOP 值降低便可提高定位精度，觀測時應規定 GDOP 的最大限制值。因衛星的空間分佈是動態的，所以 DOP 值也是隨時變化的，觀測過程應隨時予以注意。

六、針對衛星定位測量：

（一）說明單點定位及相對定位之觀測量、未知數及解算方程式。（15 分）

（二）何謂精度因子（Dilution of Precision, DOP）？如何求解 DOP ？（10 分）

（108 高考-測量學#4）

參考題解

（一）設測站 R 的坐標為 (X_R, Y_R, Z_R)，衛星 S 的坐標為 (X^S, Y^S, Z^S)，衛星至測站的虛擬距離為 ρ_R^S，衛星時錶誤差為 t^S，接收儀時錶誤差為 t_R，電離層延遲誤差改正值為 d_{ino}，對流層延遲誤差改正值為 d_{trop}。

1. 單點定位通常是以測距碼觀測方式為之，其衛星至測站空間距離的方程式為：

$$\rho_R^S = \sqrt{(X^S - X_R)^2 + (Y^S - Y_R)^2 + (Z^S - Z_R)^2} + C \cdot \delta t_R - C \cdot \delta t^S + d_{ion} + d_{trop}$$

上式中的虛擬距離 ρ_R^S 為觀測量；(X^S, Y^S, Z^S)、t^S、d_{ino} 和 d_{trop} 為已知值，可以由導航電文獲得；需解算的未知數有三個測站坐標值 (X_R, Y_R, Z_R) 和接收儀時錶誤差 t_R。

2. 相對定位通常是以載波相位觀測方式為之，其衛星至測站空間距離的方程式為：

$$\rho_R^S = \sqrt{(X_R - X^S)^2 + (Y_R - Y^S)^2 + (Z_R - Z^S)^2} + C \cdot \delta t_R - C \cdot \delta t^S - d_{ino} - d_{trop} - \lambda \cdot N_0$$

上式中的虛擬距離 ρ_R^S 為觀測量；(X^S, Y^S, Z^S)、t^S、d_{ino} 和 d_{trop} 為已知值，可以由導航電文獲得；週波未定值 N_0 可以利用觀測方程式透過特定解算技巧獲得；需解算的未知數有三個測站坐標值 (X_R, Y_R, Z_R)、接收儀時錶誤差 t_R。

不論單點定位或是相對定位都需要解算四個未知數，因此衛星定位時至少需同時觀測四顆衛星的觀測量。

（二）衛星定位的精度與衛星幾何分佈圖形因素有關。為了表示衛星幾何分佈圖形對定位精度的影響，引入精度因子 DOP 的概念。在觀測過程中，每接收一次觀測資料（完成一次單點定位）時，衛星幾何分布圖形品質就以當下的 DOP 值表示，因此觀測過程中 DOP 值會隨時改變。

根據每次接收資料時觀測衛星的方程式進行間接觀測平差計算，平差計算時的係數矩陣 A 是由測站至各個衛星的空間距離的方向餘弦值所組成，再由係數矩陣 A 計算四個未知數 (X_R, Y_R, Z_R, t_R) 的權係數矩陣 Q：

$$Q = (A^T \cdot A)^{-1} = \begin{bmatrix} Q_{XX} & Q_{XY} & Q_{XZ} & Q_{Xt} \\ Q_{YX} & Q_{YY} & Q_{YZ} & Q_{Yt} \\ & & Q_{ZZ} & Q_{Zt} \\ 對稱 & & & Q_{tt} \end{bmatrix}$$

因為 A 矩陣取決於各觀測衛星的幾何分佈圖形，故權係數矩陣 Q 是由觀測衛星的幾何分佈圖形所決定的。由權係數矩陣可以計算出下列各種 DOP 值：

平面點位精度因子 HDOP（Horizontal DOP）：$HDOP = \sqrt{Q_{XX} + Q_{YY}}$

高程精度因子 VDOP（Vertical DOP）：$VDOP = \sqrt{Q_{ZZ}}$

點位精度因子 PDOP（Position DOP）：$PDOP = \sqrt{Q_{XX} + Q_{YY} + Q_{ZZ}}$

時間精度因子 TDOP（Time DOP）：$TDOP = \sqrt{Q_{tt}}$

幾何精度因子 GDOP（Geometric DOP）：$GDOP = \sqrt{Q_{XX} + Q_{YY} + Q_{ZZ} + Q_{tt}}$

七、衛星定位測量中，從衛星軌道資訊到待測地面點位置皆需參考到不同的坐標系統。請列舉並說明各坐標系統的定義、以及坐標系統之間的相互關係。（25分）

（108 土技-工程測量#3）

參考題解

廣播星曆含軌道參數共 16 個，其中 1 個為參考時刻，6 個為對應於參考時刻的刻卜勒軌道元素（Keplerian orbital elements），9 個為反映擾動力（perturbations）影響的參數。參照圖(a)，6 個刻卜勒軌道元素說明如下：

　a：軌道長半徑，確定衛星軌道的形狀。

　e：軌道離心率，確定衛星軌道的大小。

　Ω：昇交點赤經，即在地球赤道平面上昇交點與春分點之間的地心夾角。

　i：軌道面傾角，即衛星軌道平面與地球赤道面之間的夾角。

　ω：近地點角距，即在衛星軌道平面上昇交點與近地點之間的地心夾角。

　$V(t)$：衛星的真近點角，平近點角為軌道平面上衛星與近地點之夾角。

其中，參數 a、e 用以確定衛星軌道的形狀和大小，參數 Ω、i 用以決定衛星軌道平面與地球體之間的相對位置，參數 ω 用以決定衛星軌道平面（刻卜勒橢圓）在軌道平面上的方向，參數 $V(t)$用以決定衛星在軌道上的瞬時位置。

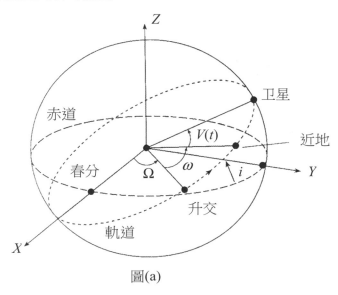

圖(a)

衛星定位測量中，從衛星軌道資訊到待測地面點位置需參考到衛星軌道直角坐標系、天球坐標系和地球坐標系。要計算衛星在任意觀測曆元下相對於地球坐標系的位置，可分為三個步驟：首先建立軌道直角坐標系，計算衛星在軌道直角坐標系中的位置；然後計算衛星在天球坐標系中的坐標直；最後將衛星的天球坐標轉換為地球坐標系下的坐標值。茲說明如下：

（一）衛星軌道直角坐標系

　　用以描述衛星在所設計的軌道平面上的瞬時位置，如圖(b)所示，坐標系定義如下：

　　　　原點 O：與地球質心重合的橢圓焦點

　　　　X 軸：指向近地點

　　　　Z 軸：垂直於軌道面

　　　　Y 軸：與 X、Z 軸形成右旋直角坐標系

　　用以描述衛星在軌道平面上位置的坐標值定義如下：

$$x = a \cdot (\cos E - e)$$

$$y = a \cdot \sqrt{1 - e^2} \cdot \sin E$$

$$z = 0$$

　　式中 E 為偏近點角，可以利用軌道資料另行推算得到。

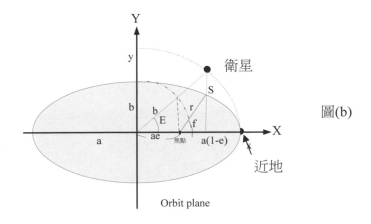

圖(b)

（二）天球坐標系

　　以天球為參考體，天球赤道面和過春分點的天球子午圈為參考面。因天球坐標系與地球自轉無關，是一種慣性坐標系，所以可以描述天體和衛星的位置及其運動狀態。如圖(c)所示，天球坐標系定義如下：

　　　　原點 O：地球質心

　　　　Z 軸：指向北天極

　　　　X 軸：指向春分點

　　　　Y 軸：與 X、Z 軸形成右旋直角坐標系

　　用以描述衛星位置的坐標值定義如下：

　　　赤經 Ω：自春分點沿天球赤道逆時針至天體天球子午圈的夾角。自春分點起算，向東為正，向西為負。

　　　赤緯 δ：自天球赤道面沿天體之天球子午圈至星體角度。向北為正，向南為負。

空間距離 R：地球質心至星體的空間距離。

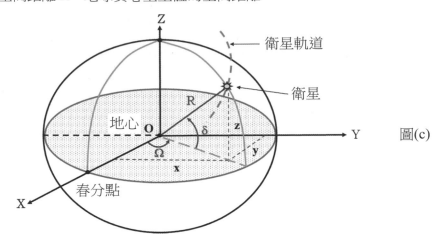

圖(c)

（三）地球坐標系

以橢球面為基準面，法線為基準線，赤道面和過格林威治的子午圈為參考面。地球坐標系與地球一起轉動，因此與地球自轉相關，也是一種慣性坐標系，故可方便地描述測站的位置。如圖(d)所示，地球坐標系定義下：

原點 O：地球質心

Z 軸：指向地球北極

X 軸：指向格林威治子午圈與地球赤道面的交點

Y 軸：與 X、Z 軸形成右旋直角坐標系

用以描述測站位置的坐標值定義如下：

大地經度 L：格林威治子午圈起算與測站經圈之夾角。自格林威治經圈起算，向東為正（東經），向西為負（西經）。

大地緯度 B：過地面點的橢球法線與橢球赤道面的夾角。北緯為正，南緯為負。

幾何高 h：地面點沿法線至橢球面的距離。

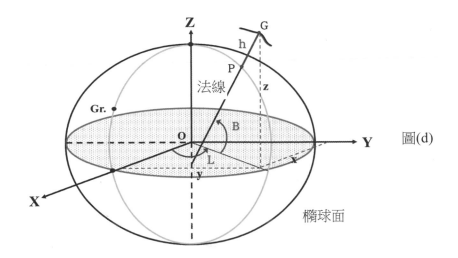

圖(d)

（四）坐標系統之間的相互關係

1. 軌道坐標系轉換成天球坐標系

   軌道坐標系與天球坐標系有共同原點，因此只須做三軸旋轉即可使二坐標系一致，透過下面關係式便能確定衛星任意觀測曆元下在天球坐標系中的坐標值。

$$
\begin{bmatrix} x \\ y \\ z \end{bmatrix}_{\text{天球}} = \begin{bmatrix} \cos\Omega & -\sin\Omega & 0 \\ \sin\Omega & \cos\Omega & 0 \\ 0 & 0 & 1 \end{bmatrix} \begin{bmatrix} 1 & 0 & 0 \\ 0 & \cos i & -\sin i \\ 0 & \sin i & \cos i \end{bmatrix} \begin{bmatrix} \cos\omega & -\sin\omega & 0 \\ \sin\omega & \cos\omega & 0 \\ 0 & 0 & 1 \end{bmatrix} \begin{bmatrix} a(\cos E - e) \\ a\sqrt{1-e^2}\sin E \\ 0 \end{bmatrix}
$$

2. 天球坐標系轉換成地球坐標系

   天球坐標系與地球坐標系有共同原點和 Z 軸，二者差別僅在 X 軸的指向不同，若取二坐標系 X 軸之間的夾角（春分點與格林威治子午線之間的夾角）為春分點的格林威治恆星時 GAST（可根據廣播星曆計算得到），天球坐標系僅須繞 Z 軸旋轉即可使二坐標系一致，因此透過下面關係式便能確定衛星任意觀測曆元下在地球坐標系中的坐標值。

$$
\begin{bmatrix} x \\ y \\ z \end{bmatrix}_{\text{地球}} = \begin{bmatrix} \cos(\text{GAST}) & \sin(\text{GAST}) & 0 \\ -\sin(\text{GAST}) & \cos(\text{GAST}) & 0 \\ 0 & 0 & 1 \end{bmatrix} \begin{bmatrix} x \\ y \\ z \end{bmatrix}_{\text{天球}}
$$

以上說明並未考量極移改正與衛星軌道攝動影響改正，精確計算應予改正。

八、針對全球導航衛星系統（Global Navigation Satellite System, GNSS）：

（一）列舉三種衛星系統。（15 分）

（二）相較於單星系，以多星系進行衛星定位有那些優勢？（10 分）

（108 普考-測量學概要#4）

參考題解

（一）三種衛星系統如下表

衛星系統	國家	基本架構
GPS	美國	<ul><li>24 顆工作衛星+3 顆備用衛星</li><li>6 個軌道面</li><li>軌道面傾角為 55 度</li><li>各軌道面有 4 顆衛星</li><li>軌道高度為 20200 公里</li><li>繞地球一周約需 11 時 58 分</li><li>民用頻率 L1、L2、L5</li></ul>
GLONASS	俄羅斯	<ul><li>21 顆衛星+3 顆備用衛星</li><li>3 個橢圓軌道面</li><li>軌道面傾角為 64.8 度</li><li>各軌道面有 8 顆衛星</li><li>軌道高度為 19100 公里</li><li>繞地球一周約需 11 時 15 分</li><li>民用頻率 E1、E5a、E5b</li></ul>
Galileo	歐盟	<ul><li>27 顆衛星 33 顆備用衛星</li><li>3 個中高軌道面</li><li>各軌道面有 9 顆衛星</li><li>軌道傾角為 56 度</li><li>軌道高度為 23616 公里</li><li>繞地球一周約需 14 時 05 分</li><li>民用頻率 G1、G2、G3</li></ul>

（二）相較於單星系，以多星系進行衛星定位優勢如下

1. 可接收的衛星數量較多，可以減少訊號遮蔽問題。

2. 接收到的衛星數較多，可以強化衛星分布的幾何結構，提升定位精度。

3. 可以快速滿足定位所需之最少衛星數量，提升定位速度。

九、在全球定位系統（GPS）觀測作業中：（每小題 10 分，共 20 分）
　　（一）造成大氣層折射延遲誤差的主要因素是什麼？如何改善？
　　（二）造成虛擬距離（pseudo range）誤差的主要因素是什麼？如何改善？

（108 四等-測量學概要#3）

參考題解

誤差種類	誤差產生原因	改善之道
電離層折射誤差	電離層範圍內充滿了離子化的粒子和電子且呈不穩定狀態，對無線電訊號會造成極大的折射影響，因此衛星訊號的傳播時間會形成延遲現象。	1. 以雙頻觀測量之差分線性組合成無電離層效應之觀測量，可有效的消除大部份電離層誤差。 2. 採高精度之後處理精密衛星軌道星曆。 3. 利用電離層數學模式修正之。 4. 盡量於晚上觀測。
對流層折射誤差	對流層是一個中性的大氣範圍，雖會對無線電訊號產生折射的現象，造成訊號傳播時間的延遲，此影響與訊號之頻率無關，因此無法藉由雙頻觀測量的線性組合來消除此折射影響。對流層折射對觀測量的影響分為乾分量和濕分量兩部分，乾分量主要與大氣的溫度和壓力有關，濕分量主要與訊號傳播路徑上的大氣溼度與高度有關。	1. 利用對流層數學模式改正之。 2. 避免採用高度角低於 15 度的衛星觀測量。 3. 視為待定參數，於平差處理時一併求解。 4. 利用差分計算減弱其影響。
虛擬距離	衛星訊號的傳播速度等於光速 C，當確定衛星訊號的傳播時間 T 後，衛星到接收儀的空間距離為：$\rho = C \cdot T$。然因 ρ 仍存在各項誤差影響，造成 ρ 與衛星到接收儀的真正空間幾何距離之間有偏差量存在，故稱為虛擬距離。	應對虛擬進行下列誤差的修正： 1. 衛星時錶誤差。 2. 接收儀時錶誤差。 3. 電離層折射誤差。 4. 對流層折射誤差。

十、大氣延遲所造成的誤差是影響全球導航衛星系統（GNSS）觀測成果品質的重要因素。
請說明如何以差分觀測技術消除此誤差，請配合圖形解釋，並說明其適用條件或限制。
（25 分）

（109 土技-工程測量#4）

參考題解

對於 GNSS 定位的空間距離觀測方程式中不想要的多餘參數，可以透過觀測方程式之間相減的方式予以消除，再以相減後新的方程式進行必要參數的計算，即為差分定位（Differential Positioning）。GNSS 定位之目的是求解測站坐標，對於觀測方程式中非必須求解的誤差項可以透過差分定位方式消除或減少誤差之影響，例如衛星時裝誤差、接收儀的時鐘誤差與大氣延遲誤差等。差方定位方法有：

（一）空中一次差：同一時刻同一部接收儀對兩顆衛星之觀測方程式相減而得，如圖(a)。空中一次差可以消除接收儀時鐘誤差及大氣延遲誤差。

（二）地面一次差：同一時刻兩部接收儀對同一顆衛星之觀測方程式相減而得，如圖(b)。地面一次差可以消除衛星時鐘誤差及大氣延遲誤差。

（三）二次差：同一時刻之二部接收儀對二顆衛星之兩個地面或空中一次差方程式相減而得，如圖(c)。二次差可以同時消除衛星時鐘誤差和接收儀時鐘誤差，同時也能消除大氣延遲誤差。

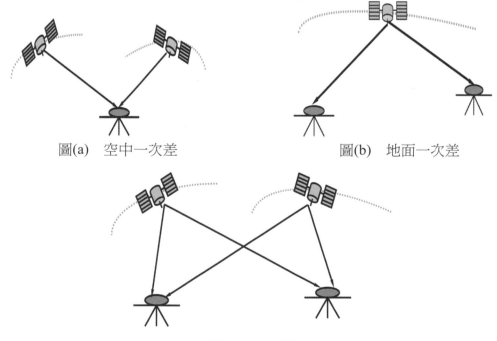

圖(a) 空中一次差　　　　　圖(b) 地面一次差

圖(c) 二次差

差分之適用條件或限制如下：

（一）必須同時觀測。

（二）就相對定位而言，基線長度必須是短於十公里，此時基線兩端接收儀所受到的大氣延遲可視為相似的，才能利用二次差分的技術消除共同性的大氣延遲誤差。隨著基線長度的增加，兩測站之間的大氣延遲的差異性會隨之增加,使得定位精度亦會隨之降低。

（三）差分後的觀測方程式數量會減少且相關，故觀測時應該用較多的接收儀觀測較多的衛星為佳。

（四）電碼（Code）的差分定位精度為公尺級，而載波相位（Carrier Phase）的差分定位精度為公分級。

十一、GNSS 衛星定位系統主要由空間星座部分、地面監控部分和用戶接收部分等三個部分所組成，請說明這三部分的主要功能或作用為何？又衛星訊號中的衛星軌道參數和大氣的電離層延遲改正模式的資訊於前述三個部分之間是如何傳遞？（25 分）

（109 普考-測量學概要#3）

參考題解

空間星座部分、地面監控部分和用戶接收部分等三個部分的主要功能如下表：

組成部分	功　　能
空間星座 部分	1. 接收和儲存地面監控站發來的導航訊息。 2. 接收並執行地面監控站的控制指令。 3. 利用衛星上設置的微處理機，進行部份必要的數據處理。 4. 利用高精度的原子鐘產生基準訊號，並提供精密的時間標準。 5. 向用戶連續發送導航定位訊息。 6. 接收地面主控站透過注入站發送給衛星的調度命令,如調整姿態角或啟用備用原子鐘等。
地面監控 部分	1. 主控站 　（1）搜集數據：搜集匯整各監測站傳送來的所有衛星資料及監測站本身的各項資料。 　（2）計算導航訊息：根據所蒐集的資料計算每一顆衛星的導航電文訊息，並編制成一定的格式傳送至天線站。 　（3）診斷狀態：監視地面監控系統及衛星是否正常運作。 　（4）調度衛星：當衛星偏離正常軌道太遠或某顆衛星失效時，主控站可以修正衛星軌道或調度備用衛星。

組成部分	功　能
	2. 監測站 將接收的衛星訊號和搜集的氣象資料做初步計算處理，再將數據傳給主控站，為主控站編纂導航電文提供可靠的數據。 3. 天線站 將主控站編纂好的衛星導航電文或其他指令以既定的方式注入衛星的儲存器中，供衛星向用戶廣播。
用戶接收 部分	1. 訊號捕獲、追蹤和數據採集。 2. 解譯導航電文和位置計算。

如下圖，當地面監控部分完成衛星訊號和氣象資料的搜集之後，再根據蒐集的資料編纂導航電文及必要的指令發送給空間星座部分的衛星。空間星座部分的衛星接收、儲存地面監控部分導航電文和指令執行，同時產生基準訊號及各種不同頻率的訊號，再向用戶連續發送導航定位訊息。最後用戶接收部分只需接收空間星座部分的衛星所發送的訊號及解譯導航電文和位置計算。導航電文中包含了衛星軌道參數和大氣的電離層延遲改正模式的資訊。

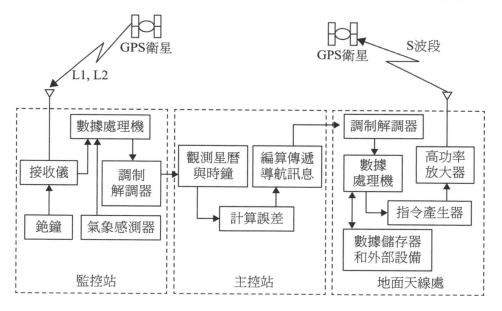

十二、全球導航衛星系統（Global Navigation Satellite System, GNSS）之應用越來越廣泛，
其中計算衛星至接收器間之距離為重要之關鍵，請列出在接收器端計算導航衛星至
接收器間之距離有那些方法？並詳細說明其原理及應用。（20 分）

（109 四等-測量學概要#5）

參考題解

GPS 採用兩種方式獲得衛星到接收器之間的空間距離：

（一）利用 PRN 電碼獲得空間距離

1. 原理：當接收器接收到衛星的 PRN 電碼訊號時，接收的 PRN 電碼會與接收器自身
產生相仿的 PRN 電碼做相關性計算比較，進而求得二者之間的時間偏移量，此時
間偏移量就是衛星訊號的傳播時間，將此傳播時間乘上光速，便得到衛星到接收器
的空間距離。

2. 應用：由於利用 PRN 電碼獲得的空間距離仍存在衛星和接收器的時錶誤差及大氣
折射誤差，與實際距離之間存在著偏差量，因此定位精度較差。雖然定位精度差但
解算速度快，幾乎可以即時獲得定位結果，因此多應用於導航定位，例如目前常見
以 GPS 之 C/A 電碼進行汽車單點定位的導航。在不考慮各種誤差下，PRN 電碼定
位的空間距離方程式如下：

$$r = \sqrt{(X_R - X^S)^2 + (Y_R - Y^S)^2 + (Z_R - Z^S)^2}$$

r：衛星至接收站的空間距離

X_R、Y_R、Z_R：待求解的測站坐標

X^S、Y^S、Z^S：已知的衛星坐標

（二）利用載波相位觀測獲得空間距離

1. 原理：衛星訊號是以載波傳送，而載波可以用相位的觀點來看待，每一個載波波長
相當於一個完整的相位周波，若利用其波長來量測衛星至接收儀的空間距離，便相
當於利用高精度的尺來量距，每一個波長相當於一整尺長，最後非一整尺長的部分
再以相位差的量測得知，如此便能獲得空間距離。所謂載波相位觀測便如上述藉由
衛星到接收器之間的相位周波數來求得空間距離。在不考慮各種誤差下，載波相位
的空間距離方程式如下：

$$R = (N + \Phi) \times \lambda$$

R：衛星至接收站的空間距離

N：載波訊號自衛星到接收儀之間的整周波數（週波未定值）

Φ：最後一個載波的相位差

λ：載波波長。

上式中接收器可以定為過程中各接收時刻的 Φ 值，週波未定值 N 可以用數學方式解算得到，如此便能完成各時刻的定位結果了。

2. 應用：通常載波相位定位可以利用後續解算消除各項誤差，或利用 RTK 定位方式消除各項誤差，因此定位精度高，常應用於需高精度定位的場合，例如控制測量等場合。

十三、針對衛星定位測量：

（一）請分別列出系統誤差及隨機誤差來源。（15 分）

（二）如何避免或減少前述誤差？（10 分）

（110 三等-平面測量與施工測量#4）

參考題解

種類	誤差項	避免或減少誤差之措施
系統誤差	星曆（軌道）誤差	1. 採用高精度的精密星曆。 2. 採用軌道調整方法，亦即在數據處理中引入衛星軌道偏差的改正量一併求解。 3. 利用差分計算減弱軌道誤差的影響，當基線較短時，效果更為明顯。
	衛星時錶誤差	可採用差分計算消除此項誤差。
	對流層延遲誤差	1. 避免採用高度角低於 15 度的衛星觀測量。 2. 利用對流層數學模式改正之。 3. 視為待定參數，於平差處理時一併求解。 4. 利用差分計算減弱其影響。
	電離層延遲誤差	1. 以雙頻觀測量之差分線性組合成無電離層效應之觀測量，可有效的消除大部份電離層誤差。 2. 利用電離層模式加以修正。 3. 利用差分計算可顯著降低其影響。

種類	誤差項	避免或減少誤差之措施
系統 誤差	多路徑效應誤差	1. 避開較強的反射面及高傳導性的物體，如水面、平坦光滑的地面、平整之建築物表面等。 2. 選擇造型適當且屏蔽良好的天線。 3. 增長觀測時間，藉多餘觀測量將誤差均勻化。 4. 採數學模式分析多路徑效應之誤差量，再於觀測量中改正之。
	接收儀時錶誤差	1. 當作未知參數，於平差處理時一併求解。 2. 利用差分計算方式消除之。
	週波未定值	利用數學方法解算，例如寬巷法、AFM 等。
	週波脫落	進行週波脫落的偵測與修復，方法多種。
偶然 誤差	天線相位中心變化	儘量採用同型天線，各天線架設時保持相同的方位。
	其他雜訊	衛星訊號受各種干擾所產生的雜訊。
	天線高量測誤差	不同廠牌天線應按其規定量測方式進行天線高量測。

Chapter **12** 地籍測量

參考題解

一、如圖所示，多邊形土地 ABCD 四個角隅點的坐標依序為：$A(450.000m, 150.000m)$、
$B(1150.000m, 150.000m)$、$C(1050.000m, 450.000m)$、$D(550.000m, 450.000m)$，E 為 AB
之中點，試於 CD 線上定得 F、G 兩點，使 EF、EG 三等分多邊形 ABCD。（20 分）

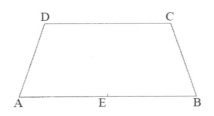

（106 高考-測量學#4）

參考題解

以下圖之 XY 坐標系統解算如下：

E 點坐標為：$(\dfrac{450.000+1150.000}{2}m, \dfrac{1150.000+150.000}{2}m) = (800.000m, 150.000m)$

多邊形土地 ABCD 面積 $= \dfrac{1}{2}\begin{vmatrix} 450.000 & 1150.000 & 1050.000 & 550.000 & 450.000 \\ 150.000 & 150.000 & 450.000 & 450.000 & 150.000 \end{vmatrix} = 180000 \ m^2$

另因 F、G 兩點與 C、D 兩點共線，故 $y_F = y_G = 450.000m$

多邊形土地 AEFD 面積 $= \dfrac{1}{2}\begin{vmatrix} 450.000 & 800.000 & X_F & 550.000 & 450.000 \\ 150.000 & 150.000 & 450.000 & 450.000 & 150.000 \end{vmatrix} = 60000 \ m^2$

解得：$X_F = 600m$

多邊形土地 EBCG 面積 $= \dfrac{1}{2}\begin{vmatrix} 800.000 & 1150.000 & 1050.000 & X_G & 800.000 \\ 150.000 & 150.000 & 450.000 & 450.000 & 150.000 \end{vmatrix} = 60000 \ m^2$

解得：$X_G = 1000.000m$

定得 F、G 兩點坐標為：$F(600.000m, 450.000m)$，$G(1000.000m, 450.000m)$

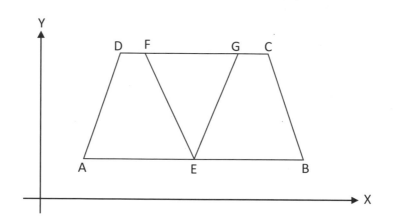

二、有一四邊形土地，現有兩組人員進行測量，每組測量兩個點位，單位為 m，第一組測得點位 EN 坐標分別為（242520, 2654730）、（242570, 2654790），第二組測得點位坐標為（242590, 2654710）、（242620, 2654750），請計算此筆土地之面積？另欲通過（242520, 2654730）點位，將該土地分割成等面積之二筆土地，試求通過此點之分割直線與此四邊形另一交點坐標？（20 分）

（107 四等-測量學概要#4）

參考題解

根據題目之點位坐標繪得土地形狀約如下圖。為簡化計算，後續解題時先將各點坐標減去 (242500, 2654700)，以相對坐標 $A(20, 30)$、$B(70, 90)$、$C(120, 50)$ 和 $D(90, 10)$ 進行各項計算，最後再加回 (242500, 2654700) 即可。

（一）四邊形土地面積 S 計算如下：

$$S = \dfrac{1}{2}\begin{vmatrix} 20 & 70 & 120 & 90 & 20 \\ 30 & 90 & 50 & 10 & 30 \end{vmatrix}$$
$$= 4200 m^2$$

（二）計算 $\triangle ABC$ 面積判斷分割點位置如下：

$$\dfrac{1}{2}\begin{vmatrix} 20 & 70 & 120 & 20 \\ 30 & 90 & 50 & 30 \end{vmatrix} = 2500 m^2 > \dfrac{4200}{2} = 2100 m^2$$

所以通過 $A(20, 30)$ 點位之分割直線與此四邊形另一交點 P 將位於 $\overline{BC}$ 邊上。設 P 點坐標為為 (E_P, N_P)，則

$$\triangle ABP \text{ 面積}: \frac{1}{2}\begin{vmatrix} 20 & 70 & E_P & 20 \\ 30 & 90 & N_P & 30 \end{vmatrix} = 2100 \cdots(a)$$

$$\square APCD \text{ 面積}: \frac{1}{2}\begin{vmatrix} 20 & E_P & 120 & 90 & 20 \\ 30 & N_P & 50 & 10 & 30 \end{vmatrix} = 2100 \cdots(b)$$

根據(a)、(b)得：

$$6E_P - 5N_P = 390 \cdots(c)$$

$$-E_P + 5N_P = 170 \cdots(d)$$

(c)、(d)二式聯立解算得 P 點相對坐標為： $E_P = 112m$ ， $N_P = 56.4m$

故分割點 P 之坐標為：

$$E_P = 242500 + 112 = 242612m$$

$$N_P = 2654700 + 56.4 = 2654756.4m$$

三、土木工程常計算土方量、面積、坡度、坡向等各式數據，要注意其計算使用的測量觀測值的誤差會影響計算成果的數據精度，例如在 1/5000 的地形圖上量測一筆長方形土地的長寬分別為圖上的 6.00 cm ± 0.2 mm、4.00 cm ± 0.3 mm，則這一筆土地的實地面積為多少公頃？實地面積的中誤差為多少平方公尺？（20 分）

（108 三等-平面測量與施工測量#2）

參考題解

土地的實地面積 A 計算如下：

$$A = 長 \times 寬 = 6.00cm \times 4.00cm = 24.00cm^2 = 24.00 \times 5000^2 \times \frac{1}{10000} \times \frac{1}{10000} \text{公頃} = 6.00 \text{公頃}$$

$$\frac{\partial A}{\partial 長} = 寬 = 4.00cm（圖上）= 4.00 \times 5000 \times \frac{1}{100}m = 200.0m（實地）$$

$$\frac{\partial A}{\partial 寬} = 長 = 6.00cm（圖上）= 6.00 \times 5000 \times \frac{1}{100}m = 300.0m（實地）$$

實地面積的中誤差 σ 計算如下：

$$\sigma = \pm\sqrt{200.0^2 \times 0.0002^2 + 300.0^2 \times 0.0003^2} = \pm 0.1m^2$$

四、在一條南北向的道路路面鋪設工地上，有 A、B 兩點（如下圖），其三維地面坐標分別為 A(X_A = 173500.852 m, Y_A = 2534329.459 m, Z_A=32.468 m)、B(X_B = 173488.904 m, Y_B = 2534382.168 m, Z_B = 32.963 m)，已知 A 點必須下挖 0.23 m，且此路面橫坡度 2%（朝東下坡）、縱坡度 1%（朝北上坡），則 B 點必須挖（或填）多少公尺？（20 分）

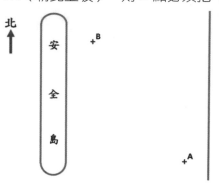

（108 三等-平面測量與施工測量#3）

參考題解

A 點設計高為 $32.468 - 0.23 = 32.238 m$

A 點朝北以坡度 +1% 向上推升水平距離 $2534382.168 - 2534329.459 = 52.709 m$ 至 C 點，則 C 點設計高程為 $32.238 + 52.709 \times 1\% = 32.765 m$

C 點朝西以坡度 +2% 向上推升水平距離 $173500.852 - 173488.904 = 11.948 m$ 至 B 點，則 B 點設計高程為 $32.765 + 11.948 \times 2\% = 33.004 m$

則 B 點應填方 $33.004 - 32.963 = 0.041 m$

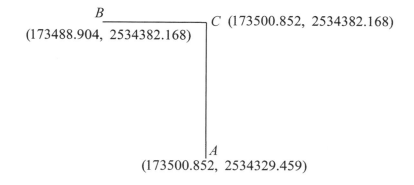

五、如下圖所示之土體，已知每五公尺間隔之斷面面積分別為 A1 = 10 ± 0.1 m², A2 = 15 ± 0.1 m² 以及 A3 = 13 ± 0.1 m²，請以稜柱體法計算其體積以及體積之標準誤差，並說明計算之假設條件。（25 分）

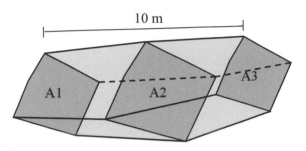

10 m

（109 土技-工程測量#1）

參考題解

（一）$V = \dfrac{\ell}{6}(A1 + 4 \times A2 + A3) = \dfrac{10}{6}(10 + 4 \times 15 + 13) = 138.333 m^3$

$$\frac{\partial V}{\partial A1} = \frac{\ell}{6} = \frac{10}{6} = \frac{5}{3} m$$

$$\frac{\partial V}{\partial A2} = \frac{4\ell}{6} = \frac{4 \times 10}{6} = \frac{20}{3} m$$

$$\frac{\partial V}{\partial A3} = \frac{\ell}{6} = \frac{10}{6} = \frac{5}{3} m$$

$$M_V = \pm\sqrt{(\frac{\partial V}{\partial A1})^2 \cdot M_{A1}^2 + (\frac{\partial V}{\partial A2})^2 \cdot M_{A2}^2 + (\frac{\partial V}{\partial A3})^2 \cdot M_{A3}^2}$$

$$= \pm\sqrt{(\frac{5}{3})^2 \cdot 0.1^2 + (\frac{20}{3})^2 \cdot 0.1^2 + (\frac{5}{3})^2 \cdot 0.1^2}$$

$$= \pm 0.707 m^3$$

（二）根據稜柱體公式推導過程，其假設條件有二：

1. 斷面 A1 與斷面 A3 應為平行面。

2. 斷面 A1 與斷面 A3 應為相同邊數的平面。

3. 斷面 A2 應位於斷面 A1 與斷面 A3 的中央處且平行。

讀者回函卡

年　　　月　　　日

※ 請寄回讀者回函卡。讀者如考上國家相關考試，**我們會頒發恭賀獎金**。

讀者姓名：

手機：　　　　　　　　　　　　市話：

地址：　　　　　　　　　　　　E-mail：

學歷：□高中　□專科　□大學　□研究所以上

職業：□學生 □工 □商 □服務業 □軍警公教 □營造業 □自由業　□其他_____

購買書名：

您從何種方式得知本書消息？

□九華網站　□粉絲頁　□報章雜誌　□親友推薦　□其他_____

您對本書的意見：

內　　容	□非常滿意	□滿意	□普通	□不滿意	□非常不滿意
版面編排	□非常滿意	□滿意	□普通	□不滿意	□非常不滿意
封面設計	□非常滿意	□滿意	□普通	□不滿意	□非常不滿意
印刷品質	□非常滿意	□滿意	□普通	□不滿意	□非常不滿意

※讀者如考上國家相關考試，**我們會頒發恭賀獎金**。如有新書上架也盡快通知。
　　謝謝！

廣　告　回　信
台北郵局登記證
台北廣字第 04586 號

台北市中正區南昌路一段 161 號 2 樓
台北市私立九華短期職業補習土木建築班　收

1 0 0 - 7 8

106-110 年測量學（題型整理＋考題解析）

編 著 者：九華土木建築補習班

發 行 者：九樺出版社

地　　　址：台北市南昌路一段 161 號 2 樓

網　　　址：http://www.johwa.com.tw

電　　　話：（02）2351－7261~4

傳　　　真：（02）2391－0926

定　　　價：新台幣　400　元

I S B N ：978-626-95108-5-6

出版日期：中華民國一一一年十月出版

官方客服：LINE ID：@johwa

總 經 銷：全華圖書股份有限公司

地　　　址：23671 新北市土城區忠義路 21 號

電　　　話：（02）2262-5666

傳　　　真：（02）6637-3695、6637-3696

郵政帳號：0100836-1 號

全華圖書：http://www.chwa.com.tw

全華網路書店：http://www.opentech.com.tw